U0279680

Product Design Styling

产品设计造型

Product Design Styling

产品设计造型

[英] 彼得·戴布斯（Peter Dabbs） 著

王锡良 译

机械工业出版社
CHINA MACHINE PRESS

这是一本聚焦于产品设计造型的书，能够帮助学生和专业人士理解产品设计的过程并树立自己的独特风格，从而设计出以消费者为中心的产品。书中包含详细的讲解和丰富的案例插图，引导读者了解一个结构化的专业产品设计造型过程。书中列举了在设计过程中的每个阶段设计者应该关注的问题，如何评估设计的内容，以及如何优化设计。读者还能在本书中学习到如何分析和评判竞争对手的设计，并用积累的知识用更少的时间自信地进行设计。作者彼得·戴布斯是一名拥有多年从业经验的资深产品设计师。他在 D&AD 全球产品设计大赛中获得了一等奖，于 2010 年加入戴森公司。

© 2021 Peter Dabbs. Peter Dabbs has asserted his right under the Copyright, Designs and Patent Act 1988, to be identified as the Author of this Work. Translation © 2022 China Machine Press

The original edition of this book was designed, produced and published in 2021 by Laurence King Publishing Ltd., London under the title 'Product Design Styling'. This Translation is published by arrangement with Laurence King Publishing Ltd. for sale in the Chinese mainland (excluding Hong Kong SAR, Macau SAR and Taiwan) only and not for export therefrom.

本书由 Laurence King 出版有限公司授权机械工业出版社在中国大陆地区（不包括香港、澳门特别行政区及台湾地区）销售。未经许可之出口，视为违反著作权法，将受法律之制裁。

北京市版权局著作权合同登记　图字：01-2020-5844 号。

图书在版编目（CIP）数据

产品设计造型 /（英）彼得·戴布斯（Peter Dabbs）著；王锡良译. — 北京：机械工业出版社，2022.6（2024.2重印）
（设宴系列）
书名原文：Product Design Styling
ISBN 978-7-111-70298-6

Ⅰ.①产… Ⅱ.①彼… ②王… Ⅲ.①工业产品 – 造型设计 Ⅳ.①TB472

中国版本图书馆CIP数据核字（2022）第044372号

机械工业出版社（北京市百万庄大街22号　邮政编码100037）
策划编辑：马　晋　　责任编辑：马　晋　马新娟
版式设计：马倩雯　　责任校对：史静怡　贾立萍
责任印制：常天培
北京宝隆世纪印刷有限公司印刷

2024年2月第1版第2次印刷
210mm × 285mm・10印张・2插页・111千字
标准书号：ISBN 978-7-111-70298-6
定价：128.00元

电话服务　　　　　　　网络服务
客服电话：010-88361066　　机　工　官　网：www.cmpbook.com
　　　　　010-88379833　　机　工　官　博：weibo.com/cmp1952
　　　　　010-68326294　　金　书　网：www.golden-book.com
封底无防伪标均为盗版　　机工教育服务网：www.cmpedu.com

目　录

	引言	7
第一章	选择视觉主题	15
第二章	轮廓	25
第三章	比例	41
第四章	形状	59
第五章	形态	73
第六章	线条	81
第七章	体积	93
第八章	表面	101
第九章	从平面到立体	117
第十章	色彩	129
第十一章	材料与质感	137
第十二章	项目造型	143
	参考书目	155
	图片出处	157

引　言
Introduction

学习任务

- 第 11 页：质疑外观如何影响人们对产品的认知。

- 第 12 页：解释可靠造型过程的重要性。

- 第 12~13 页：运用 MAYA 和奥斯本清单指导构思技巧。

引 言

Introduction

产品造型设计是经考虑后的行为，它赋予创意以形式，正如迈克·巴克斯特在其著作《产品设计》（1995）中所说的，这是一种"设计师们在不改变技术表现的情况下为产品增加价值的技巧"。如果设计师想要成功且高效地设计出与目标客户产生共鸣的产品，那么他们就必须改进自己的设计理念。有些设计师的天赋与生俱来，但没有这种才能的人也可以习得。本书主要以说明和插图的形式分析了产品设计造型的过程，以供不同级别的设计师参考。

在概念设计的早期阶段，考虑到在此期间的诸多不同要求，产品设计师们可以从设计概要中提炼出一系列的解决方案。在此阶段，他们普遍关注功能创新和造型，因为这些才是将产品销售给客户的关键。随着产品的研发，最初的产品形式可能需要做出调整，以便更好地适应某些需求。消费产品是多种元素的折中产物，包括功能、人体工学、环境、制造、成本、可维修性和审美。但是，其中任何一个方面都可能成为侧重点，从而影响产品的最终外观。作为一个设计师，你需要以谨慎的造型理念考虑并选定最合适的外观选项，这非常重要。

产品造型设计是一种经考虑后的赋予创意以形式的行为。

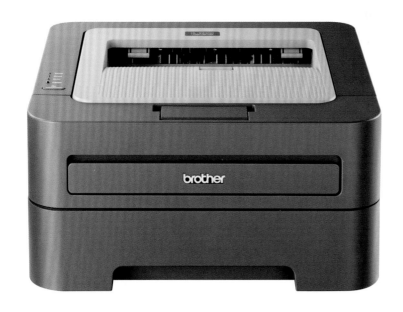

图A 与周边环境融为一体的设计：兄弟HL-2240D 打印机

图 B　纯功能性：可调节扳手

图 C　功能性设计：Anglepoise 75 型迷你台灯

一些概念不需要再进行视觉描述，因为它们的功能形式可能已经拥有足够的个性和特点了。如图A所示，客户或许可能更喜欢视觉上"安静"并与其周边环境融为一体的设计。图B以可调节扳手为例，它是一种外观独特并且有趣的产品，但还没有被造型过。它的外观仅仅是注重功能和成本效益的。因此，如果一个产品在与功能造型产品（图C）的竞争中占上风，那就最好保持原样。

产品造型的目的并不总是创造美。视觉上更具冲击力、可玩性强、安静或注重品牌的设计风格在某些场景下会更加合适。无论既定主题如何，设计应始终显得和谐。你必须学会发现并改进无趣的细节，否则就有可能创作出不受消费者欢迎或质量低劣的产品。

通过有针对性地根据客户意愿提供多个造型样式以供参考，你可以降低产品设计的主观度，以及"有逻辑地向'理想设计'迈进"，这将会吸引大多数目标市场客户（参考德尔·科茨《手表不只是显示时间》，2003）。设计师在设计功能创新型产品时通常会面临一些挑战，本书中的造型技巧、知识和参考资料将使你在完成苛刻的设计任务书（Design Brief）时取得满意的结果。

因为汽车外观在商业上很重要，所以我们在本书中收录了几个汽车设计的案例，并将其扩展到比常见产品设计更为复杂的造型方式。几十年来，汽车设计师们不懈地研究更为复杂的造型技巧，其中有些也可以被有效地运用到其他领域。只要你理解了这些方法，并运用可靠的造型流程，就能更快地探索复杂的解决方案。

设计师们要想脱颖而出并推动未来的造型创新，开发自己的造型流程和偏好是非常重要的。经典的兰博基尼康塔什设计并不沉闷，但如果每个产品都像它，就会显得很普通。通常产品的原创性使其具有吸引力，这就是造型创新如此重要的原因。模仿竞争对手的产品可能会成功，但很难做到出众，也可能会招致设计侵权诉讼，更不会发挥其潜能。一个品牌要想不甘平凡，就必须引领设计和造型，而不是追随。

绘制草图可帮助设计师们快速拟出几个解决方案，也是探索和交流设计提案的宝贵视觉工具。有很多书可以帮助你提高这方面的技巧，但是专注的练习才是关键。如果不具备基本的草绘水平，将会很难改进产品的设计和造型，但并非不可能。一些著名的设计师绘制的草图非常粗略，而其他人则依靠手工制作的样板、CAD（计算机辅助设计）或者 Adobe 软件（Photoshop 和 Illustrator）。

这不是一本关于如何草绘的书。相反，它将体系化的专业造型流程分解为易懂的阶段，指导你成功地设计出带有自我风格和以消费者为中心的产品。它的目标是帮助设计专业的学生和其他专业人士（以及工程师、教师、营销人员和企业家）提高他们对该学科的理解，并帮助他们能够设计出自己的产品。每个阶段都将检验和演示设计师应该关注什么，怎样评估已经设计的内容，以及如何根据要求对设计进行优化。你将会更加自如地评价竞争对手和自己的产品设计，也能运用这种意识自信而快速地创造出色的设计。

如何使用本书

在阅读时，手旁准备好速写本和笔，以记录对每个阶段的真实感受。请注意，并非每个造型步骤都与所有类别的产品相关。某些个人的判断和尝试在为特定产品选取恰当的设计阶段时显得十分必要。对于新产品来说，最好在确定功能要素后再开始设计。这会让你在工作时有所限制，同时也可以保留自由创作的空间。从设计角度来看，在每个项目的初期考虑造型是一种很好的做法，这样可以优化设计比例。要知道，如果设计不受限，作品就很有可能需要修改，因为它接下来是需要进入生产流程中的。尽可能通过挑战和创新来拓展本书的内容，因为新颖的想法可以开创独特的设计趋势，这将使未来的产品设计更加令人兴奋。你或许不会赞同本书中的所有信息，建议将自己的想法记录下来以供未来设计时验证，这将会帮助你形成更为独特的设计风格。

开始观察

在造型过程开始之前，意识到"产品设计师是视觉人群"这一点很重要，他们会用眼睛去审视和质疑每天所遇到的所有物品。如果你不熟悉主题，那么外出或在家附近时要养成观察、质疑和分析产品视觉外观的习惯。质疑一切：为什么这很吸引人？为什么别的东西让人感到不适？将如何改进？产品的外观说明了什么？寻找令人兴奋的新产品，或经典的、标志性的产品。在现实生活中展开研究，从而更好地理解它们的外观，了解它们的特别之处。这就是如何开发你的"造型眼"的方法。此后就能借助它来发现并改进自己设计中的不足。如图 D 所示，剃须刀头部的造型看起来更时髦是因为它采用了当代主题，这与 2007 年之前该产品类别设计的相关度并不高。锥形轮廓、流线型手柄、纹理把手、流畅的线条和闪亮的数字显示都使它与下图过时的设计相比更加出色。此外，它还带有创新功能的旋转刀头，灵活自如的设计很自然地提供了一个全新的外观。

图 D 飞利浦于 2007 年发布的 Norelco Arcitec 电动剃须刀，以及飞利浦于 2001 年发布的 Philishave HQ4411/88 剃须刀

造型过程

在概念生成阶段，设计师们会提出几个概念来展示产品的功能创新和视觉张力，并且它们最终能够被制造出来。概念设计需要考虑目标客户和竞争对手，还要有条理的视觉感知。拥有可靠的造型过程将帮助你在更短的时间内创造出视觉上更吸引人的概念。一旦选择了视觉导向，你就会自信地证明你的决定背后的美学原理，并且在需要进行功能修改时提出可变通的解决方案。接下来的阶段会对产品造型设计的重要领域进行扩展，可以尝试通过绘制草图来充分理解和吸收信息。每个阶段的图片示例能够在章节末尾找到，本书第十二章提供了一系列更清晰的示例。

设计创新

设计就是不断地尝试，因为对任何一种产品来说都不止一种造型方法。使用以下信息作为指导，可以制定和形成自己独特的设计流程。

造型创新能对客户产生视觉刺激，并有利于制造商在竞争中保持领先地位，但客户对设计理念感到失望也是常见的。下一页的"奥斯本清单"可以激发设计和造型灵感。最初的清单是由亚历克斯·F.奥斯本提出的，作为一名广告经理，他于1953年开发了一种创意工具——头脑风暴法。运用奥斯本清单作为激发灵感的工具，可创造出不同的设计方案。

你还可以尝试更改或略过本书中介绍的一个或多个造型阶段来创造不同的美感。发挥你的想象力，试着让自己变得不可预测。

MAYA

术语MAYA代表"最先进但可接受的"，由工业设计师雷蒙德·洛伊于20世纪40年代提出，至今仍然适用。它建议设计师在概念阶段尽量创新，不用顾及产品的类型或客户的喜好，然后再简化设计，只保留最新的特性。简化的程度取决于客户的喜好。设计还应具备足够的"通用形式"（通常是与该产品类别相关的典型形式），使其接近客户的视觉期望。这将提高产品实现其功能的可能性。

奥斯本清单：

☐ **替代**
尝试另一种方法、位置、形状、表面或材料。你能把元素、形状、目的或想法结合起来吗？

☐ **放大**
它可以被复制、放大或夸张吗？能加点什么吗？高度、长度、力度？

☐ **适应**
更改轮廓、大小、形状、线条或表面。不然还能怎么用？还有什么也像这个？

☐ **消除**
可以去掉哪些内容？做得更小、更轻、更低，还是拆分？

☐ **修改**
改变大小、颜色、含义、动作或形状。给它一个新角度？

☐ **改编**
交换组件，调整模式或布局，后退，颠倒？

☐ **组合**
把想法、目的结合起来还是提出诉求？一个混合体、合金或组合？

基于亚历克斯·F. 奥斯本，《创新的艺术：解决创新问题的原则和程序》（米兰：Franco Angeli，1992）

"我一直很想知道设计师弗拉米尼欧·贝尔托尼……是如何在头脑中理清关于一辆车应该是什么样子的每一个预设的想法，并设计出一种……从未见过的外形。"

彼得·史蒂文斯，汽车设计师

选择视觉主题

Choosing a visual theme

学习任务

- 第 16 页：展示对客户意愿、用户画像、竞争对手分析和文化潮流的理解。

- 第 20 页：为设计主题制作情绪板。

- 第 21 页：讨论品牌设计，以及它是如何在多个产品之间应用的。

第一章 选择视觉主题

Choosing a visual theme

客户意愿

在设计开始之前，必须确定产品应体现的视觉主题。通过选择与目标客户的期待和意愿相关联的主题，可以减少产品造型时的主观性。我们对物品的感知取决于它如何与我们对其他类似物品的记忆、情感和感受。年轻女性的品位和价值观与年长男性不同，所以在设计开始之前做一些研究来充分了解客户群体是很重要的。哪些产品对他们有吸引力？这些产品展示了哪些视觉信息？产品将在何处使用或展示？哪些象征手法能让客户产生积极的联想？做好这些工作，客户才有可能与产品建立情感纽带，增强购买意愿。

用户画像

用户画像将提供对目标客户的清晰描述，并帮助定义需要关注的视觉主题。一旦你选择了目标年龄范围，比如 18~35 岁，那么下一步就要找出这个年龄段人们的生活方式，以及什么对他们来说是重要的。有几种方式可以获取有关目标客户的需求、消费习惯和愿望的准确信息。采用焦点小组（Focus Group）结合经仔细考虑过的问题总能无一例外地获取重要信息。例如，他们住在哪里？在哪里工作？收入水平如何？有什么爱好？有孩子吗？经常访问哪些网站？记录小组讨论的结果，确保不会遗漏任何内容，并要求团队向你发送产品将来使用环境的照片。这样，就可以确保设计看起来是与使用环境相协调的。面向这一年龄段的杂志还将包含可能吸引他们的重要产品视觉信息，他们喜欢穿的衣服和他们所期待的假期等。这些信息经过分析后，就可以创建在焦点小组中经常展示的带有客户个人属性的生活方式和价值观画像。从互联网上选取一系列的照片环绕在所选角色图像的周围，这些图像记载了他们的价值观、需求和抱负。这样做的目的是根据目标客户所重视的事物来感知什么会在视觉上对他们有吸引力。

竞争对手造型分析

一旦有了设计概要，设计师首先要做的事情之一就是浏览竞争对手的产品以发现产品功能和视觉符号。造型和功能哪个更突出？有哪些造型主题？哪些产品最成功，为什么？设计师通过视觉象征和联想为产品添加了特性和意义（语义），这反过来又影响了他们对产品的认知。

如图 1.1 所示，美国心理学家查尔斯·奥斯古德在 20 世纪 60 年代发明的"语义区分量表"（SDS）是一种衡量什么样的外观对目标客户有吸引力的有效方法。

这个量表在左右两侧有意思相反的词语，设计师应仔细选择，以表明一个概念与目标客户的理想设计有多接近。可以邀请一组目标客户观察产品，并在意见栏的不同词语间描绘视觉效果图，找到能够描述他们感受最准确的那个点。

图 1.1 SDS：比较两种不同设计的外观（摘自 J. G. 施奈德和 C. E. 奥斯古德，《语义差异技术：原始资料》，芝加哥：Aldine，1969）

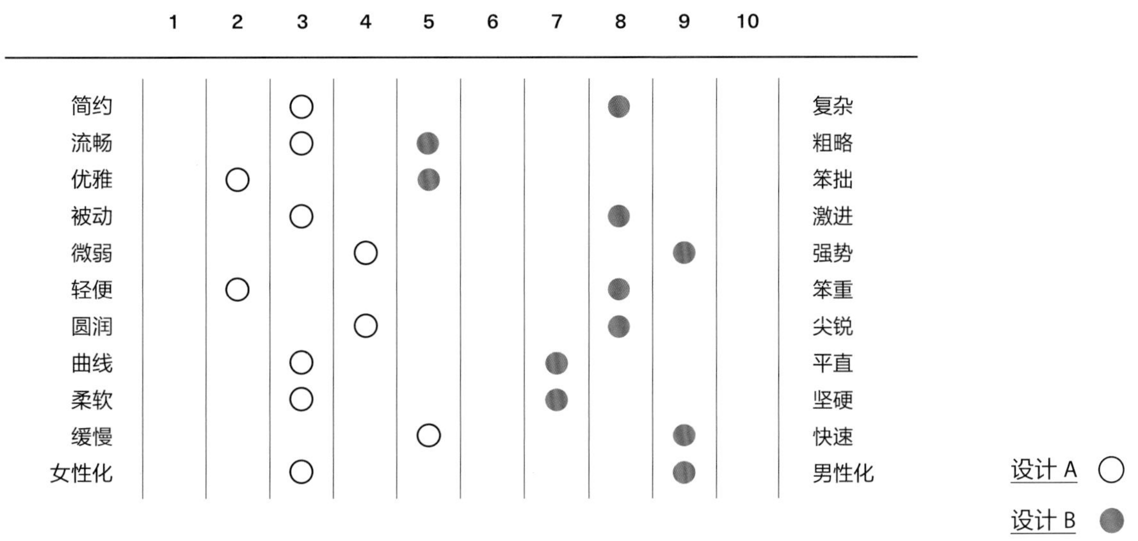

第一章 选择视觉主题

	1	2	3	4	5	6	7	8	9	10	
简约			○					●			复杂
流畅			○		●						粗略
优雅		○			●						笨拙
被动			○					●			激进
微弱				○					●		强势
轻便		○						●			笨重
圆润				○				●			尖锐
曲线			○				●				平直
柔软			○				●				坚硬
缓慢					○				●		快速
女性化			○						●		男性化

设计 A ○
设计 B ●

如果该小组被要求去评论受欢迎的竞争对手产品的外观，那么该评论可供设计师在设计产品造型之前参考并有所启发。例如，小组可以决定新设计是"曲线"的和"简约"的，这两个属性可以在该量表的左侧找到。

SDS 还可用于评价一些概念设计。这会指引设计师朝哪个方向努力。可以邀请该组成员在量尺上标记他们"理想设计"的位置，以便帮助设计师知道在目前阶段朝哪个方向努力。例如，该小组可能表示偏爱"轻便"的外观设计，这会促使设计师设计更紧凑的包装或不那么笨重的造型。

一旦完成了一些设计草图，就可以检查目标客户对它们的反应。参与这项研究过程的相关人员越多，结果就越有说服力。不过，需要注意的是这只能作为一种指导，因为人们并不总是与先进的设计和造型合拍。

时代精神

时代精神是在一定时期内激发我们想象力的文化潮流。设计师们可以将其转化为带有视觉影响力的具有时代精神风貌的产品。如图 1.2 所示，20 世纪五六十年代，美国的汽车造型出现了有创新性的尾翼设计，这是时代精神的一个经典案例。设计师受航空工业的启发，试图在汽车设计中获取喷气机的动力和速度，这在当时看来是如此的新颖和迷人。对于一些设计师来说，航空仍然是一个有吸引力的主题，但它已不再是时代精神。

图 1.2 左图，凯迪拉克 Coupe De Ville 的尾翼（1959）。右图，苹果 iMac G4（2002）

图 **1.3** 铂傲 BeoLab 19 无线低音炮（2013）

一种鼓励新技术进入我们家中的易用美学，是新千年到来之际的时代精神。苹果在 iMac G4 上体现了这一点，简约的外形和透明设计掩饰了操作系统的复杂。当下，一个有力的时代精神例子就是环保和高效。这就是很多产品受到大自然中蜂巢的启发而采用六边形设计的原因。如图 1.3 所示，铂傲 BeoLab 19 扬声器就是这样的案例。该产品采用了多边形而不是六边形，但也达到了类似的视觉效果。作为一名设计师，你必须紧跟这些变化的趋势，这样才能利用它们为自己的作品增加趣味和创意。

"产品特性会影响我们的认知。正如我们根据他人的穿着打扮和外在表现就能快速形成对这个人的期待一样。"

斯蒂芬·P.安德森，体验设计师

制作一个情绪板

图 1.4 生态友好的情绪板

设计师有很多获取视觉灵感的源泉，一般是自然、建筑、科幻小说、交通工具和其他产品。一旦选择了合适的视觉主题来与目标客户建立联系，你就可以整理一些相关图片来传达想要的视觉和情感关联。这些图片可以通过组合为实体或数码的拼贴画来制作情绪板。如图 1.4 所示，该情绪板可以唤起生态友好的主题。情绪板可以在造型时激发灵感，并成为产品的视觉规范。你可以创建额外的情绪板来展示目标客户的个性或生活方式，以及设计时应该激发的情感。你与目标客户的联系越紧密，视觉设计就会越成功。

现在，你可以从情绪板中选取特定元素作为设计灵感，利用图像中的形状、样式和材料来进行试验，直到你为产品找到一个满意的和相关的设计语言。检查情绪板中的轮廓、线条、形状和表面，并确定构成有力的视觉效果的元素（例如蜂巢的六边形）。这增加了客户下意识地注意到视觉关联的可能性。大多数人都能认出一朵花的轮廓，所以如果产品的造型语言反映了这种形状，客户可能会将其与自然和生态友好联系在一起。

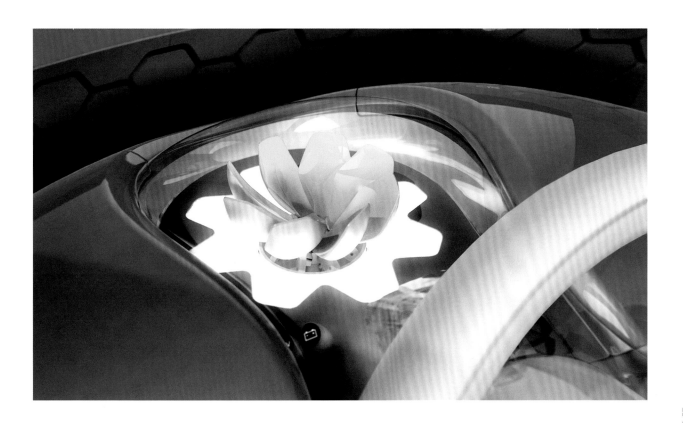

如果选择的形状变得太模糊，那么你试图传达的意义将会丢失。你选择的元素不应该总是那些在情绪板中的完全复制品，而应该是精妙的选取。这样做的目的在于向产品中增添一个或多个造型元素，向观察者表现相关的含义。因为每个设计师的眼光都有所不同，所以没有对错之分。所选择的语言形式与最初的主题相关联很重要，并且还能够打动你。如果是这样，它可能也会打动客户。

你可以通过创建多个样式选项来提高获得成功结果的概率。无论第一张草图看起来有多好，都要利用情绪板的不同元素来创建不同的造型选项。请看图 1.5，它营造了一个环保的氛围，想想灵感可能来自哪里。

图 1.5 雷诺于 2009 年发布的 Twizy ZE 概念车的设计细节

品牌造型

当被要求为特定品牌的产品设计风格时，你必须研究这家公司，以便用一种独特而有意义的语言形式在视觉上表现它。在理解了品牌的愿景、文化、个性和独特气质的基础上，制作一个以品牌为中心的情绪板来帮助自己开发造型创意。这些创意将形成以品牌为中心的设计语言，可将一系列产品在视觉上联结为一个家族，同时将它们与竞争产品区分开来。

这些品牌基因作为视觉链接，通常以匹配的轮廓、线条、形状、表面、材料或颜色等形式出现。我们的目标是让这种视觉基因足够与众不同，从而在竞争中脱颖而出，创造品牌认知度和忠诚度。图 1.6 中所列的产品线融合了功能设计和简约几何，具备高效能的特点且拥有友好的外观。

图 1.6 戴森产品线部分产品，包括戴森 DC24 Ball Upright 吸尘器（2019）

"在两个价格、功能和质量一致的产品之间，外观好看的产品销量会超过另一个。"

雷蒙德·洛伊，产品设计师

章节回顾　　用以下问题了解人群背景并创建虚拟的用户画像：

| 01 | 什么产品将会吸引这些客户？ |

| 02 | 这些产品展示了什么视觉信息？
这些产品将在何处使用或展示？ |

| 03 | 这些消费者会产生什么积极联想？
他们住在哪？ |

| 04 | 他们在哪工作？收入怎样？ |

| 05 | 他们有什么爱好？他们有孩子吗？ |

| 06 | 他们经常访问哪些网站？ |

| 07 | 选择一个与目标客户期待和意愿相关的视觉主题。 |

| 08 | 考虑使用语义区分量表来评估目标客户喜爱的产品并确保主题拥有这些特性。 |

| 09 | 通过评估特定时期的时代精神和文化潮流来获取灵感。使用视觉工具来让产品造型更加现代化。 |

| 10 | 在造型时根据相关灵感制作情绪板。 |

第二章

轮 廓

Silhouette

学习任务

- 第 26 页：定义与产品相关的术语"轮廓"。

- 第 27 页：概述绘制轮廓所需的步骤。

- 第 28 页：演示如何创作和使用设计指南。

- 第 29 页：解释内部组件是如何影响产品轮廓的。

- 第 31 页：讨论功能性轮廓作为起点的意义。

- 第 32 页：阐述如何将象征意义融入产品的轮廓。

- 第 34 页：概述对称和不对称的合理运用。

- 第 36 页：讨论保留沟通工具公认特征的重要性。

- 第 37 页：总结轮廓设计的要点。

第二章 轮 廓

Silhouette

二维（2D）轮廓是开始造型过程的最佳起点，因为它定义了产品的边界。它是最外面的形状，通常包裹着机械或电子部件，或者内容物（人、动物或他们的一部分）。轮廓是我们在观察产品时首先注意的方面之一，它可以提供包括功能和个性在内的大量的视觉信息。轮廓还可以呈现符合人体工学的视觉信息，比如用户应该如何使用产品，以改善首次使用时的体验。如图 2.1 所示，电熨斗和人手大小相仿，形状新颖的把手意味着这是抓握产品的最佳部位。

如果产品仅凭其轮廓就能被认出来，那么它们就更有可能在竞争中胜出。许多产品因为它们特定的功能，或必须遵守的规定而形成了独特的轮廓。例如现代立式真空吸尘器具有细长的轮廓，减少了使用者弯腰的次数，同时也减少了机体重量和占用空间。超级跑车从侧面看往往具有低矮的楔形轮廓，即使从远处看也比普通车抢眼很多。

图 2.1 飞利浦于 2013 年发布的 GC7635/30 PerfectCare Pure 蒸汽压力电熨斗

开发一个轮廓

接下来的章节将重点介绍如何开发产品的外部造型。重要的第一步是绘制粗略的轮廓，因为它定义了产品边界，也能帮助你更好地判断外部功能（如数码显示器、用户控制、转轮等）的位置。图 2.2 中的灯辨识度高是因为它有着突出的轮廓设计。它光滑的设计表面也是带触感的，用手指沿着它的表面移动可打开或关闭 LED 灯。

你应该画一个比例配置图（Package Drawing）或设计说明。配置图展现了内部部件的尺寸和位置，以便设计师探索不同的设计选项和人体工学。使用配置图是准确但耗时的，但它可以让你重新定位或更换内部组件。图 2.3 是配置图的示例，用粉色突出外轮廓。如果设计师想要移动手柄中间的发动机（#70），就可以对其进行追踪和重新定位。如果这是一个定位为家用的产品，说明书里也必须包含配置图。

图 2.2 由菲利浦·罗斯 2012 年设计的 Fonckel One LED 灯

图 2.3 戴森超声波吹风机专利，2017，高亮轮廓（图片有修改）

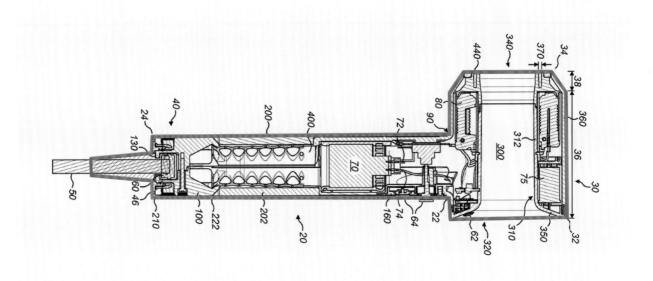

创作设计指南

设计指南（Design Guide）是将现有产品的 2D 图像作为草图的基础，帮助你快速创建多个可行的概念。它是配置图的快速替代方案，更适用于只需更新样式而非修改内部组件的产品。在使用设计指南时，你要了解为什么现有轮廓的某些区域看起来是这样的，因为新设计可能也需要类似的特征。例如，图 2.4 中的熨斗需要一个平坦的底板，而后部支架允许其垂直放置。新的轮廓设计也需要包括这两个元素，除非设计师可以想出更好、更新颖的解决方案。在设计新的外轮廓时，如果不想改变内部组件位置就不要超出参考线。

要创作设计指南，首先要评估哪种视角最适合所选的产品。如果不对内部组件进行任何修改，可以选择 2D 视图以呈现产品在大部分时间被看到和使用时的外观。你可以通过呈现视觉上最为重要的角度来吸引客户的注意力。例如，对于数字收音机来说，前视图很重要；而对于手表来说，顶视图才更有意义。

图 2.4 飞利浦 Affinia GC160/07 干熨斗。右图：设计指南

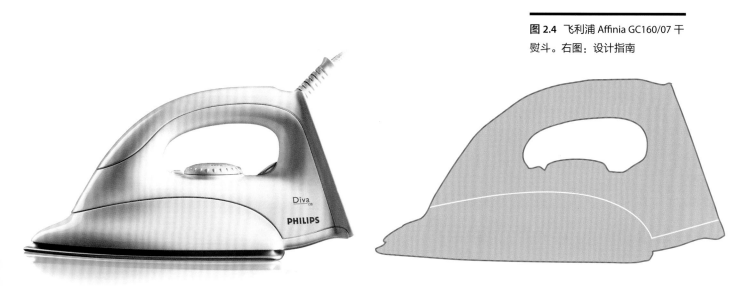

以合适的比例打印出 2D 图像，在上面放一张坐标纸，并使用线条较粗的深色笔描绘其轮廓和主要视觉特征。现在这个被描绘出来的轮廓可用来作为基础，开发出可用的新轮廓。设计指南提高了效率，也大幅降低了让客户失望的风险，他们自然期待最终产品与他们看过的原始草图相似。

虽然不使用设计指南的造型设计可以激发创造力，但如果忽略了设计指南，草图就会有缺陷，需要在设计开发的过程中对其进行修改，也可能会破坏原始草图的感觉。概念车是在不使用设计指南的情况下设计的，虽然其典型的低顶棚和夸张的比例在纸面上看起来很好，但是并不实用。

轮廓和内部组件

在创建新的轮廓之前，你必须知道内部组件的大致位置和尺寸。设计指南不会告诉你内部组件在哪里或使用者是谁，但它可能会提供线索。出于功能、人体工学和风格方面的考虑，图 2.5 中的牵狗绳具有柔软、有趣的轮廓。轮廓的左侧部分容纳了一个大棘轮，按下顶部按钮时，该棘轮将引线包裹在其周围并阻止其继续伸长。左半边轮廓呈一个完美的圆圈形状，因为它映射了主要的内部组件。右半边的轮廓是处理得很工整的椭圆形状，在符合人体工学的同时，也对另一边的圆形进行了补充。因为上方按钮要压进外壳，所以需要内部空间来容纳其机械装置。

图 2.5 Flexi New Comfort 可伸缩牵狗绳（2013）

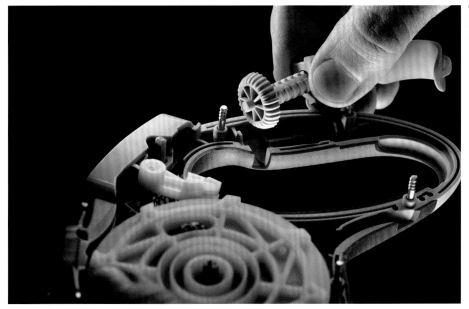

图 2.6 上图所对应的内部组件对产品外观的影响

如图 2.6 所示，如果牵狗绳内部设计得很紧凑，那么内部组件的活动空间就极小。要改变这个产品的风格，主要有三种选择：1.调整外部轮廓，让产品变得稍大些，为轮廓设计提供更多选择；2. 如果可能，则减小内部组件的尺寸，以使轮廓区域向内拓展；3.让轮廓保持原样，对其他设计进行修改。

一旦知道设计指南的轮廓哪些地方可以修改，你就可以开始着手设计新的轮廓了。绘制一条直线，将这条线作为产品放置的平面（如果这样做有意义的话），并使用设计指南来轻描新设计的主要外部特征。例如，图 2.7 中的掌上游戏机，它的主要特点是有液晶屏幕、控制器和扬声器孔；同理，对于车辆来说，其主要特征是拥有车轮、大灯和车窗。在这个阶段，不要担心这些功能的样式，首先要关注的是它们的位置和大小，以及审视它们如何影响产品的整体外观。

图 2.7 索尼 PlayStation Vita 掌上游戏机（2012）。下图为经高亮处理后的主要外观特征和轮廓

功能性轮廓

在设计一种新型产品时，明智的做法是画一个纯粹的草图，要有功能性的轮廓，因为这样可能已经足够独特了。功能性轮廓不必考虑风格，而是以实用和符合人体工学的方式简单地包装产品。比如本书第 20 页，假设这些形状符合目标客户的偏好，就像在矩形内部元件周围绘制矩形一样简单。又如跑鞋和手机一样，这些产品必须具有与内部组件或物品紧密呼应的功能性轮廓，以使其尽可能紧凑化。有些产品与内部组件之间的距离可能会更大程度改善人体工程学、稳定性、安全性或风格（例如，电视遥控器或电吉他）。

如果功能性轮廓不可取或者不适合目标顾客，你可以修改，不破坏功能的区域或注入原创人体工学的部分。在绘制草图时，许多设计师会尝试用轻微的线条重复绘制，直至找到最理想的方案。在这个阶段，不必太在意轮廓的造型，因为它可能需要后续改进。一旦做出决定，可以用较粗的笔或施加更大的力度来让线条变得更深更粗。确保重要的功能性细节设计（如按钮或手柄）针对目标客户进行了修正。

如果你希望减少设计的视觉刚性，则可以在不必平直的线条上增加曲度。通过以腕部或肘部为支点来绘制带有曲度的线条，以手臂为笔创造自然的弧度。受限于功能或环境，一些轮廓必须具有直线，比如微波炉和洗衣机的侧面总是笔直紧凑的，以便于它们能够规整地放入厨房和卫生间。人们会更加青睐视觉上时尚的产品，所以如果可能的话，应使轮廓过渡降至最小，或者尽可能地在内部组件之间采用平滑的过渡，除非需要棱角分明的风格。

"我总是以轮廓开始。轮廓会传递相关信息，如高贵、易用、华丽、效率和富足。"

弗里曼·托马斯，汽车设计师

还需要记住的是，并非所有的机械部件都应该被隐藏起来，根据市场定位的不同，有些部件可以增加视觉上的吸引力。摩托车设计师通过展示发动机的全部或部分来激发客户的热情，让消费者一睹隐藏其中的动力。手表设计师有时会展示机芯，让人一睹迷人的机械之美。

象征性轮廓

作为设计师，你可以使用的另一个方案是"象征性轮廓"，即使用相关的象征性外观来增加产品特性。像外置硬盘那样没有多少外部限制的产品，可能在轮廓上没有功能独特性或视觉吸引力。在这种情况下，你会选择一个具有象征性但没有功能性的形状，以便和最初的主题和情绪板相关联。为了简化产品形式，应当把象征性外观抽象化之后再进行处理，这样就可以和设计指南或配置图相称。这样做的目的在于让客户对所选择的形状有所了解，其设计来源不应太明显。这样客户就会下意识地把外形和语义相关联，而不会感到费解。像圆或者

图 2.8 Alessi S.p.A. Diva 浇水壶使用了象征性轮廓设计（2011）

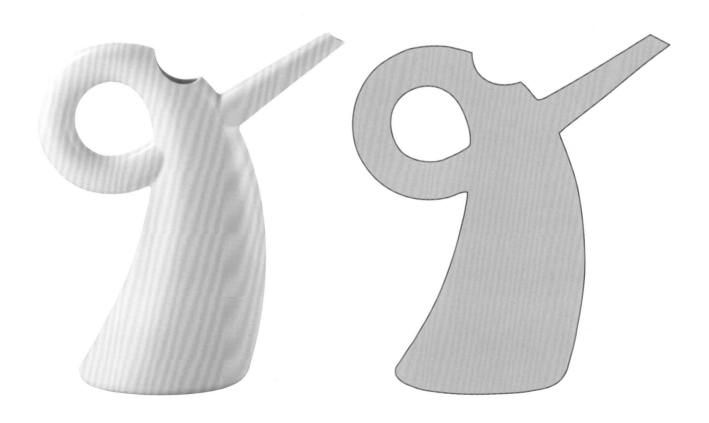

椭圆这样简单的几何图形，如果它们能与产品的功能相适应，那么可以用来创建隽永的外观。请看第 20 页的情绪板以获得象征性轮廓的灵感，并考虑如何对其进行调整以提高可用性。通过将水壶的轮廓改变为更为生动的造型，就有可能创造出一种在竞争中脱颖而出的产品，也能让客户感到满意。如图 2.8 所示，从视觉上分析产品轮廓的另一种方法是使整个外部形状变暗，以强调其主要轮廓。

图 2.9 展示了如何获取相关图像、提取其象征性轮廓并运用到产品中的两个案例。

图 2.9 轮廓为产品设计提供灵感

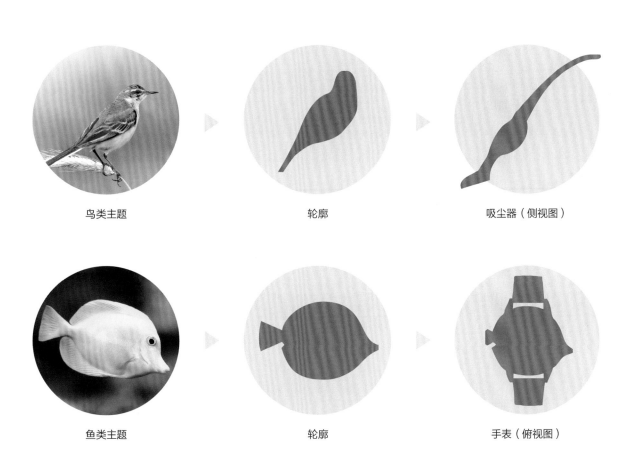

鸟类主题　　　　　　　　　　轮廓　　　　　　　　　　吸尘器（侧视图）

鱼类主题　　　　　　　　　　轮廓　　　　　　　　　　手表（俯视图）

对称与不对称

轮廓可以是对称的，以求视觉上的平衡，或者说不对称的产品在视觉上是不平衡的。洗衣机和许多其他白色家电往往具有功能性强的对称轮廓，以便于它们易于安装在紧凑的家庭环境中。图 2.10 中的收音机，无论从正面还是从侧面观察均为对称的象征性轮廓，拥有柔和的外观和友好的触控界面，以鼓励用户去操作它。收音机前面是左右对称的按钮和扬声器，而控制中心是数字显示屏。

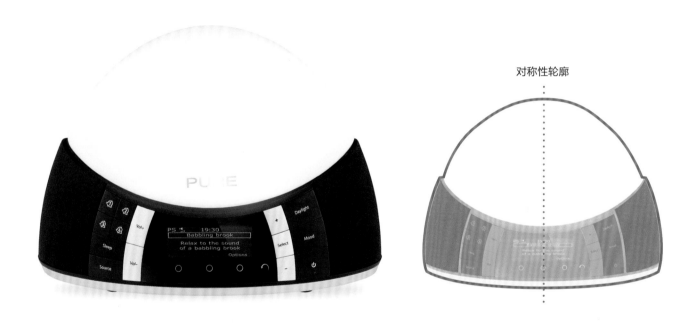

图 2.10 Pure 黎明收音机（2012）
采用了对称设计

收音机的扬声器（粉色部分）和按钮组（绿色部分）与轮廓的曲度相呼应，创造了视觉上的和谐。黑色主体的中心高度是产品总高度的三分之一，这也使得灯的体积最大化，同时也在比例上有着相应的吸引力（参见第三章）。

车辆是具有动感的产品，为了增加视觉冲击力，不对称的侧面轮廓是常见的。如图 2.11 所示，高亮处理后可以看出车窗偏向了车体边缘，表现出不平衡感，也使得整体轮廓更加灵动。

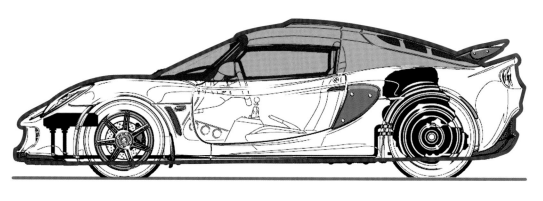

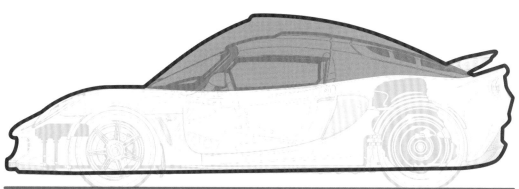

如果在该示例中需要更大的头部空间以便更容易进入车辆，则可以像图 2.11 中的下图那样进行修改。但请注意，这个车顶较高的设计不太优雅，在空气动力学和整体比例上来看也不如图 2.11 中的上图。

我们再以电吉他为例。图 2.12 所示是一个辨识度很高的经典案例，既独特又吸引人。吉他的琴颈是纯功能性的，因此这一部分设计得与其他吉他的轮廓完全相同，除非你能发明一种全新的替代方案。

图 2.11 莲花 Exige（2006），紫色轮廓（图片有修改）。下图是为了提升车顶高度而进行修改的方案

图 2.12 芬达 Stratocaster 吉他（1954 年至今）

然而，只要它演奏起来足够舒适，同时保证为琴弦、琴桥、控制装置、拾音器和电子设备提供足够的空间，琴头和琴体几乎可以是任何形状。凭借吉他侧面的曲线，吉他手坐着演奏时可以将其放在大腿上，也可以让乐器贴合胸部，这样更加舒适。琴头的喇叭形状部分是人体工学发展的结果，因为它们可以让吉他手更舒适地弹奏高音。你可以在所选主题限定范围内，对其余部分的设计展开天马行空的想象，但也要基于目标客户的偏好和期望。

作为一名设计师，你应该始终以改进功能为目标，因为这样可以给产品的设计增加视觉上的独到之处。如果设计任务书是在不进行任何技术修改的情况下对现有产品进行重新造型，那么新的轮廓可能对最终外观产生巨大的影响。

轮廓的含义

产品语义学（Product Semantics）是指产品传达给受众的视觉信息，如产品所属类别、应该如何使用等。轮廓和视觉特征往往提供了其中的大部分信息，因此设计独特的轮廓可能会使客户更难以理解，导致它的用途不明显，也没有那么大的吸引力。在这种情况下，需要强调互动区域。一个产品的形式应该能符合人们预期地传递它的功能以及如何与之互动，或至少表明其形式适配功能的能力。如图 2.13 所示，在刻板印象中，照相机的主要视觉元素是一个方形的机身，再加上机身正面的圆柱形镜头。几十年来，消费者就是这样认识照相机的类别、功能和人体工学的。

去除机身和镜头也就意味着语义的减少。普遍形态的缺失可能会减少客户对某些产品的信心，甚至可能会导致该产品延期上市。有些人群可能会被这种令人兴奋的新外观所吸引，这就是为什么了解你为谁而设计非常重要。你应该始终尝试智能轮廓造型，使其匹配功能，并采用常见的形态以便于客户理解。这也应该兼顾设计的独特性，以便产品在竞争中胜出。

图 **2.13** 佳能 PowerShot G9 X
Mark Ⅱ 数码相机（2016）

轮廓优化

图 2.14 中的草图在最初绘制时并没有网格，设计师凭借直觉定位出了轮廓的点
与线条，从而使它们相互关联，以增加视觉上的和谐。这可以通过使用网格来
进行优化。沿着轮廓的红点边缘轻轻描绘垂直和水平的线条，并将其延伸到整
个设计图。然后就可以用均匀间隔的线条来填充空隙以形成网格，并重新定位
未对齐的点。这样做的目的在于确保尽可能多的边缘和点线相互配合，以实现
设计平衡。

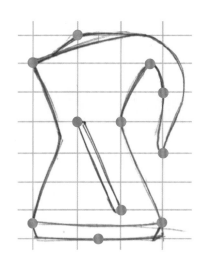

图 **2.14** 用来建立视觉意
向和设计重点的网格

例如图 2.14 中的水壶，壶嘴与把手内弧线端点在同一条水平线上，水位指示窗与壶身的右下轮廓线平行，所有这些都创造了更加和谐的外观。通过练习，你将能够凭借直觉做到这一点，而不必添加网格线。请记住，如果产品看起来不太合适，通常是因为比例不够完美，所以要在这个阶段花费时间来调整。

章节回顾

选择最合适的二维视图开始轮廓设计。准备好你的设计指南，在顶部放置一张布局纸，然后绘制一个平面草图。添加任何可以美化外观的视觉特征，但在设计开始之前，请考虑以下事项：

01　内部组件在哪里？

02　既定的主题或形式语言是什么？

03　相关的象征性轮廓是否可以提供更多的独特性？

04　对称或不对称的轮廓会更适合吗？

05　是否有足够的通用形式来传递功能和与消费者互动？

06　通过"微弱"的线条开始勾画轮廓，并尽量不要偏离设计指南太远。一旦做出决定，选定的轮廓设计可以加深突出。如果由于功能限制，最终轮廓在此阶段看起来仍然很普通，则需要在以后的阶段更加关注。在整个造型过程中，轮廓可能需要稍加改进。在优化轮廓时，网格非常有用。

案例学习：电热水壶

这是一个关于新轮廓设计的案例。

右上图是现有轮廓，客户要求重新设计为更具科技感的独特造型。设计师着手从理解设计限制开始，决定对哪些原有区域进行修改。壶嘴、把手的位置和高度必须与原设计保持一致，其余部分则可以做出适当修改。

轮廓设计的发展将伴随造型的整个过程。

原设计

更为独特的新设计已经根本性地改变了原有产品的外观，但是保留了足够多的通用设计，如嘴壶和把手等还是让它能够被认成水壶。

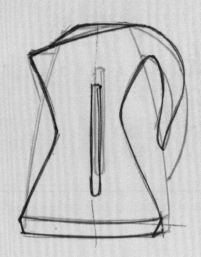

修改稿

第三章

比 例

Proportion

学习任务

- 第42页：讨论产品和比例的关系。

- 第42页：讨论潮流如何影响比例选择。

- 第45页：讲解改善比例的步骤。

- 第48页：展示如何通过比例调整来提升外观的视觉效果。

- 第49页：在既有产品上运用黄金分割和有机比例调整等概念。

- 第51页：解释如何通过调整比例使某些功能吸引人。

- 第52页：分析一系列产品的比例。

- 第56页：总结比例设计的要点。

第三章 比 例

Proportion

在轮廓和设计特征被粗略地绘制出来之后，下一步就是估算它们的比例了。比例是二维轮廓中长和高之间的关系，以及视觉特征方面的匹配关系。即便是最细微的比例变动也会影响到设计的外观。改变了产品某个特征的大小或位置（比如表盘直径，刻度或计时盘），就有可能会影响到产品的整体视觉协调感。设计师可以创造一个最为精致的形状，如果它被运用到了一个比例较差的整体之中，呈现出的效果就不会令人满意。如图 3.1 中所示的蔬菜削皮刀，它在被压缩了之后，就显得不那么优雅了。

"比例可以区分毛驴和赛马。"

弗里曼·托马斯，汽车设计师

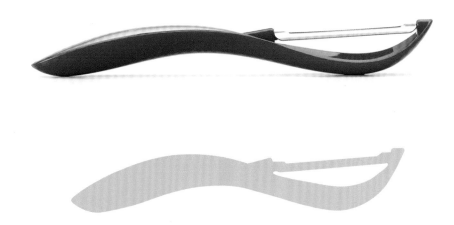

图 3.1 Savora 削皮刀（2013）。下方是缩短比例之后的 Savora Swivel Blade 削皮刀，显得不那么优雅了

潮流

受欢迎的比例跟随时代潮流而发展。如图 3.3 所示，许多美国 20 世纪五六十年代生产的汽车都有着很长的后悬，但是现在广受欢迎的车有着更为紧凑的比例（见图 3.4）。

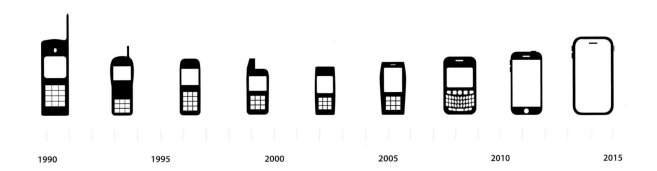

手机在 20 世纪 80 年代又大又沉，经常需要用单肩包才能携带。随着电池变得更为紧凑，手机整体尺寸也变小了。变成触屏控制之后，基于易用性，手机比例再次做出了调整（见图 3.2）。

图 3.2 手机的进化史

当意识到当下某种产品的比例设计潮流时，你就可以追随或者避免这种趋势，以附和或挑战这样的基调。使用不经意或者极端比例的新品总会吸引人们的眼球。

图 3.3 凯迪拉克
Eldorado Biarritz（1959）
有着较为极端的比例

图 3.4 奥迪 A3 e-tron
（2014）有着更为现代
的紧凑比例

一种产品的比例主要受功能、人体工学、内部工艺、环境、法规和成本的影响。优秀的比例设计对于和人体直接接触的产品（比如背包和手表）至关重要，因为它们对于用户来说是一种补充。比例也会影响产品的易用性和实用性。早期的手机比一块砖还大，当时的用户做梦也不会想到现在的人们每天都把手机放在裤兜里。

纤薄是一种始终令人印象深刻的比例。科技公司为了给客户留下深刻印象，通常会把产品设计得比上一代更纤薄。电视和手机随着技术的革新变得越来越薄。这样一来会让新产品比老产品看起来更加吸引人，不过这也只能建立在对内部组件的重新布局和设计之上。如果你发现一种新的设计可以通过调整比例来改善，那么就要从包装开始学习，找到哪些地方可以做出妥协。如果改变是可行的，在工程师和管理团队也都同意的情况下，就可以着手调整组件的大小或它们的位置以求达到建议的比例目标。当产品外观对于吸引力至关重要时，要尽早和工程师团队讨论比例问题，以确保产品最佳的视觉效果。

如图 3.5 所示，在摩托罗拉于 2004 年发布 Razr V3 之前，所有的手机侧面看上去都很厚重。设计团队设法重新安排了电子元件，确保它们可以造就一个纤薄的侧面轮廓，这也是这款手机如此成功的一个关键因素。

图 3.5　摩托罗拉于 2004 年发布的 Razr V3

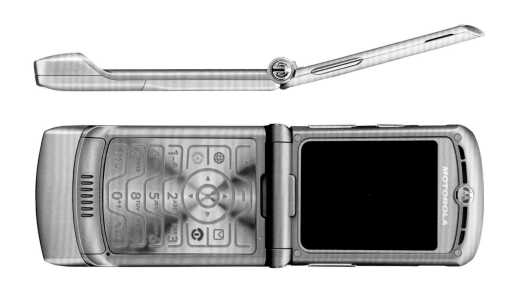

比例提升

主要视觉特征的空间占比是成就好比例的关键所在，因为人们总是本能地寻找物品本身的样式，我们的视觉系统也会敏锐地观察到细微的缺陷。通过调整产品主要特征的位置、大小和空间占比以适应其轮廓，就有可能创作出具有视觉吸引力的产品。

产品主要视觉特征的大小和位置及其内在联系，与它们和产品的轮廓相关联，也是影响产品外观的主要因素。车轮的直径和位置具有功能性，但是最为和谐的车轮直径设计应该是可以通过多次复制以填充车身轮廓的方案。

把车轮和车轮拱罩设计为车身高度的一半是比较常见的，但也不算是规则。出于视觉关联性的考虑，两个完全一致的视觉特征的间距需要被尽可能地规划好。 如图 3.6 所示，该汽车有着完美的三倍轮胎直径的前后轴距，整体车高是轮胎直径的两倍，很好地平衡了整体设计。这种车型的侧面轮廓是非常对称的，这在汽车设计中很少见。车厢位置的改变和锐角的设计为汽车外观增添了一些动感。

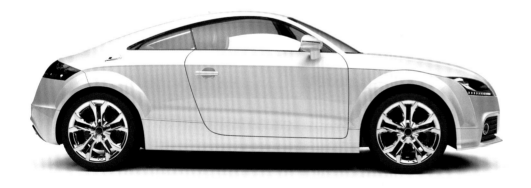

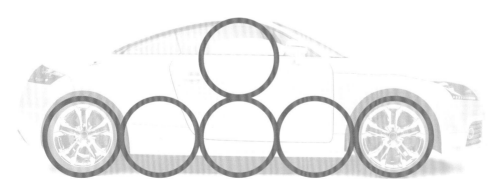

图 3.6 奥迪于 2000 年发布的 TT。下图展示了以车轮尺寸和间距来定义总体比例

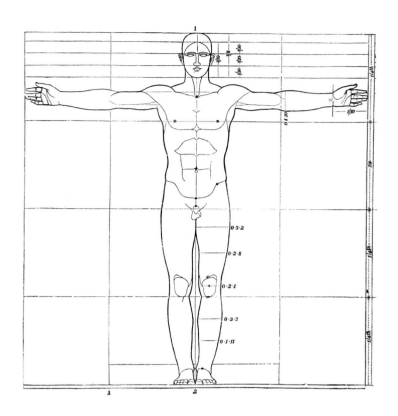

图 3.7 在《维特鲁威人》之后，人体就被成比例地划分了

如果无法改变产品的视觉特征，调整其轮廓以便更好地适配产品则是另一个选择。公元前 1 世纪，设计师维特鲁威和他的追随者坚持等比例划分人体的部分或整体，这就是我们喜欢比例很好的物品的原因。以图 3.7 为例，一个人的身高和双臂展开的长度大致相等，手臂的长度大概是头长的 2 倍，头长是整体身高的 1/8 等。

不要总是假设竞品的比例可以被简单地转移到新产品的设计之中，因为它们可能因为需要适应新的轮廓和视觉特征而做出优化。

为了提升产品的比例设计，首先需要分析和查明产品的现有设计，这就是为什么粗略勾画出产品外观轮廓非常重要。通过在平面轮廓图外部勾画出一个方框，就可以比较简单地确定其整体比例，这样也可以对其做出必要的调整。视产品的不同，最终描绘出来的草图方框可以或矮或宽，或高或窄，也有可能接近于正方形。

如图 3.8 所示，整体呈现正方形的设计显得稳定而又坚实，它们也适合对称设计。长方形的整体比例设计会更具动感，也可以强调其运动性。

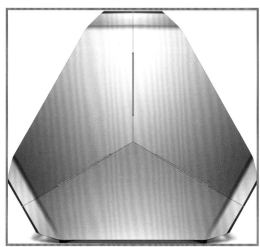

图 3.8 左图为戴森于 2016 年发布的 Pure Cool 桌面空气净化风扇，采用了长方形比例设计。右图为戴尔外星人 Area-51 台式机

产品整体的比例设计不太可能做出重大修改，除非产品外壳可以像摩托罗拉 Razr V3 手机那样进行调整。更具有可操作性的情形是拉长或者缩短轮廓的一侧来对比例进行细微调整。如图 3.9 所示，可以通过降低产品高度来提升其宽度感，同样地，也可以通过加长产品轮廓来降低其宽度感和重量感。

在产品轮廓的比例关系最终确定之前，改善产品视觉特征的比例是非常有必要的，因为这将会影响最终轮廓。

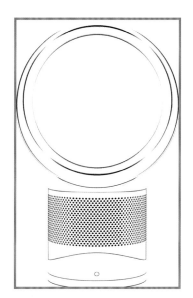

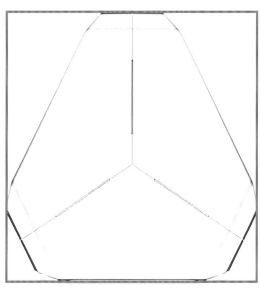

图 3.9 将上图中的桌面风扇高度降低了，台式机宽度变窄了

比例设计

比例设计是为了突出产品的主要视觉特征。通过改变它们的比例或位置，确保它们在水平或垂直方向上的间距是均匀的。本书第47页展示了比较理想的情况，它们也能均匀地融入产品的轮廓。如果功能上的限制导致它们无法均匀地融入轮廓，则可以调整长度或高度使之更加贴合。尝试是实现比例平衡的关键，视觉上是要符合逻辑和有条理的。如果无法调整某个特征的位置，可以尝试增大或减小其大小，直到间距看起来更加均匀。要特别注意的是，请确保人体工学不会因为视觉特征的比例调整而受到影响。

更多充满活力的产品可能需要设计师的"比例感"元素，这可能不会产生间隔均匀的结果。在这种情况下，你必须相信自己的直觉。

图 3.10 展示了通过调整比例来改善外观的案例。第一张图是一个音乐播放器的基准设计，用于对比。第二张图是同样的设计，紫色高亮的控制按钮是产品的主要视觉特征，在其周围有一个网格，事先添加了蓝色线条，其余的粉色线条在其周围贴合。播放器按钮的高度与轮廓的高度并不成比例，还有几个点也是错位的。第三张图是小比例改动的结果，增加了按钮高度，使其为产品总高

图 3.10 音乐播放器优化前后对比

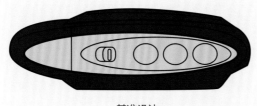

基准设计

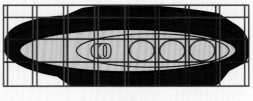

无比例优化

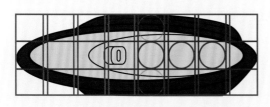

按比例优化

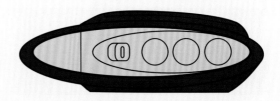

最终设计

度的三分之一（紫色圆圈），而且交点与网格线对齐得更好。某些地方的轮廓也变平滑了。第四张图是最终设计。这些看似细微的改动让产品变得更加干净利落。

专业设计师自然而然地通过多次轻微描绘来处理细节，从而进行比例设计尝试，直到达成满意的结果。对于那些视觉特征很少或者不明显的产品，你必须把重点放在使轮廓尽可能平衡上。这可以通过稍微调整轮廓的交点来实现，直到它们与相邻的点或视觉特征在水平或垂直方向上产生关联。这方面的例子可以在本章末尾找到。另一种可以改善视觉设计比例的技巧是黄金分割。

黄金分割

黄金分割（又称黄金比例）是一个经典的视觉理论，已经被建筑师和设计师使用了数百年。在尝试设计视觉特征的比例、大小和位置时，使用常见于自然界中的黄金比例会产生令人愉悦的效果。将一个正方形（或空间）在水平或垂直方向上延伸原始长度的 0.618 倍，结果就是一个具有黄金分割的矩形。另一个尝试这种黄金比例的方法是取一个尺寸，并使用额外的 0.618 倍间距来定位相邻的特征。

对于图 3.11 中的椅子，设计师就使用了黄金比例来确定一些主要特征的尺寸和间距。粉色部分比绿色部分长了绿色尺寸的 0.618 倍。这种技巧可以从最小的特征开始，在一个产品中多次使用。它需要更多的时间去试验以达到良好的效果。如果时间不足，可以尝试将视觉特征的间距改为三分之一，因为这接近于黄金比例。一个产品如果像外置硬盘一样具有乏味的矩形轮廓，可能会从符合黄金比例的设计中受益。

"每一个部分都倾向于与整体统一，从而可以摆脱自身的不完整。"

莱昂纳多·达·芬奇，艺术家、发明家

第三章　比　例

图 3.11 赫曼米勒 Mirra Triflex 转椅（2013）（图片有修改）

有机比例排列

图3.10中的音乐播放器展现了一种结构化的方法，即通过使用网格来按比例排列视觉特征。一种更有机的方法是将设计特征在视觉上联系起来。如图3.12所示，车窗左右两侧的延长线与前后轮相切，表现出视觉上的一致性。组件与圆形特征的中心轴线对齐也很常见。检查设计的最简单方法是将轮廓的交线延伸到轮廓内部，并调整任何接近这些线条特征的边缘，使它们更好地对齐。这也可以用别的方法实现，如第二张图所强调的那样。选取一个视觉特征，并通过它的外形特征画延伸线，确保它们彼此对齐。这可能涉及需要旋转一个特征或改变其设计，以创造一个更自然的视觉关联。设计师可以检测出产品何时看起来不太对劲，这通常是由微小的比例缺陷和错位造成的。

图 **3.12** 凯迪拉克于 2009 年设计的 Converj 概念车。下图，高亮线条显示出视觉上的关联性

比例重点

设计师可以通过让重要的功能与整体比例失调来突出它们。图 3.13 中的高脚椅有一个比例较大的底座以保证其稳定性。这种视觉上的不平衡会将人们的视线吸引到这个特征上，以表现产品是稳定和牢固的。

图 **3.13** Mamas & Papas 高脚椅（2013）

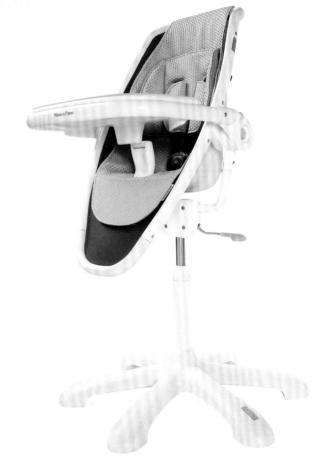

第三章 比 例

比例分析

因为汽车的视觉冲击力非常重要，所以在车展上看到的概念车通常都有着良好的比例。一些概念车的比例很极端，以使其与众不同。当这些概念车走向生产时，从实用性或成本控制出发，往往会调整其比例。这可能会影响造型，导致产品的视觉吸引力下降。这就是为什么对设计师而言，在项目难点确定之前就和工程团队形成紧密的合作这一点非常重要。图 3.14 展示了概念车和其量产版本之间的比例差异。这些变化看似微不足道，但戏剧性的效果却很明显。上面的概念车比例很好，粉色圆圈所示的三倍轮轴距显得很完美，蓝色线条所示的后车窗也与后轮相切。下面的量产车比例略有不同，它的轴距比概念车短了一些，这样做的效果是将后轮前移，导致车尾看起来更重，车窗产生了错位。这一决定可能是为了增加后备厢空间，也可能是为了降低成本，让公司利用现有平台，而不是去设计一个全新的产品。

图3.14 凯迪拉克Converj 概念车（2009）和凯迪拉克 ELR 量产车（2013）：展示出概念车和其量产版本的比例差异

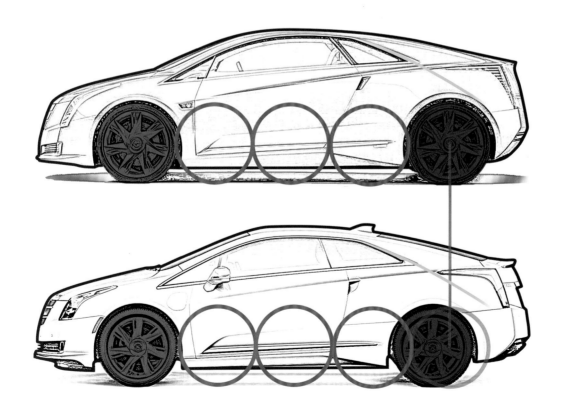

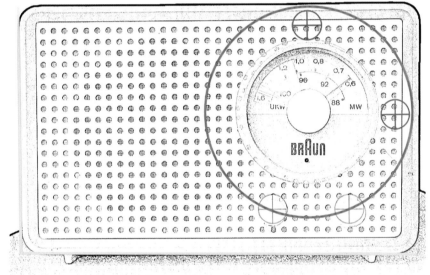

图3.15 博朗（Braun）SK2 收音机（1952）。下图，视觉设计背后的思考，采用黄金比例的外壳设计，以及经过仔细考量大小和位置的刻度盘和控制旋钮

在 20 世纪，迪特尔·拉姆斯和他的博朗团队设计的产品注重简洁、易用性和良好的比例。他设计的产品受包豪斯运动影响，因具有功能主义风格而闻名于世，他设计的产品在 21 世纪仍然影响着许多其他产品。这就证明了简洁的外观和良好的比例是可以创造出具有吸引力的产品。

图 3.15 中收音机的高度是宽度的 0.618 倍（如蓝线所示），表明其轮廓符合黄金分割。刻度盘与外壳边缘之间的空间和下方的控制旋钮的直径相当，控制旋钮位于与表壳相切的假想圆（粉红色）上，将其与表盘和表壳联系起来。这是一种使视觉和谐的创新方式。

比例对手表这一类产品的最终外观有着很大的影响，同时它在手腕上的比例尺寸也是有讲究的。图 3.16 和图 3.17 这两个例子利用计时表盘带来不同的视觉效果。

图 3.16 的腕表采用了两种尺寸的表盘。粉色和橙色的表盘受到蓝色的星期和日期窗口的影响，在复制时，日期窗口的尺寸与绿色部分手表的边缘相吻合。蓝色表盘在复制时并没有完全与手表的边缘相切，这可能是为什么这个蓝色表盘被融入主表盘之内的原因。粉色和橙色表盘的直径在复制时与手表的边缘相切。此外，这款腕表采用了金属边框以吸引客户目光，从而形成复杂而和谐的外观。

图 3.16 这款腕表从 2008 年至今的以卡莱拉（Carrera）Calibre 16 Day-Date 腕表为蓝本，采用金属特征，将视线吸引到比例更好的表盘上

图3.17中的腕表只使用一种表盘尺寸，其组织结构略有不同。表盘之间非常接近，增加了视觉张力。而且表盘在复制的时候非常接近绿色部分所示的手表边缘。请注意，左右表盘之间的水平间隙正好是蓝色半圆所示的表盘长度。指针被整齐地放置在表盘周围，形成了一种和谐的关联（蓝色圆）。

如果你因为工程条件限制而无法达到理想的比例，还有其他造型技巧可以帮助掩盖不理想的比例。一旦你有信心创造轮廓和比例，你就可以开始设计它们。

图3.17 该款腕表以1957年至今的欧米茄超霸腕表为蓝本，采用间距紧凑的计时盘，增加视觉张力

章节回顾　对产品目前的比例进行评价，改进那些间距不均匀或不相关的细节。更极端的比例能否帮助产品在竞争中脱颖而出？是否有任何特征可以被放大以突出其视觉重要性？

01　了解特定产品类别中当前的比例趋势，并复制或避免这些趋势。

02　产品是否能从更纤薄的设计中获益？如何实现？

03　是否优化了主要视觉特征的间距？特征的大小和位置之间的联系，以及它与产品轮廓的关系，对产品的外观至关重要。

04　降低产品的高度在视觉上可以增加它的宽度，同样，加长产品轮廓也可以在视觉上减少它的宽度。但是要确保人体工学不会因为这种调整而受到影响。

05　如外置硬盘那样具有平淡的矩形轮廓的产品，可能会从符合黄金比例的设计中受益。

06　如果轮廓有几个点，确保它们与其他点或视觉特征在水平或垂直方向上对齐。

案例学习：电热水壶

水壶的整体比例与上一章第 39 页中的基准水壶保持一致。因为在这个二维视图中，它的主要视觉特征很少（水位指示窗、盖子和底座），所以设计师把重点放在轮廓的比例排列上。它的设计使大多数视觉点与相邻点（红点）都在同一水平或垂直方向上，使设计显得更加平衡。

例如，出水口的尖端与把手内弧线的上定位点在同一水平线上，而水位指示窗与壶体下部轮廓保持平行。所有这些都创造了一个更和谐的外观。通过练习，你将能够凭借直觉做到这一点，而无须添加网格线。

原设计

请记住，如果一个产品看起来不太合适，通常是因为比例不够完美，所以要在这个阶段花费时间来调整。

修改稿

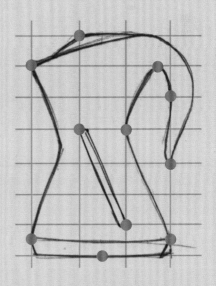

第 四 章

形 状

Shape

学习任务

- 第 60 页：确定形状在产品中的定义。

- 第 62 页：区分不同形状的象征和含义。

- 第 63 页：阐述如何设计一个新形状。

- 第 64 页：讨论交叉线条和形状之间的关系。

- 第 66 页：说明象征是如何融入产品形状的。

- 第 67 页：解释形状克隆。

- 第 68 页：确定增加形状动感的因素。

- 第 69 页：讨论图案与形状的关系。

- 第 70 页：总结形状设计的要点。

第四章 形　状

Shape

形状表现了轮廓中视觉特征的平面状态。大多数产品都有功能性的视觉特征，比如数字显示器、控制面板和把手，这些形状已经针对特定功能、人体工学或视觉效果进行了优化。出于产品风格而忽视的形状或那些象征意义不佳的形状可能会影响产品的整体视觉质量。

形状通过视觉符号和联想为产品添加了特征和符号学意义，这反过来又影响了消费者对产品的感知。这种意义可以是表面的或者是为了提升用户初次使用产品的体验，特别是当具有相似功能的形状被有逻辑地组合在一起时。

形状有两种类型：实心的和空心的。图 4.1 中的形状是实心的。空心的形状是中空的，比如水壶的把手或笔记本电脑的散热风道。往往与产品轮廓相呼应的形状看起来最和谐。例如，如果一个设计的形状是圆形的，在符合功能要求和既定主题的前提下，它的视觉特征最好也是圆形的。图 4.1 中的婴儿监护仪上的圆形按钮与其圆形外观相呼应，同时散发着亲切柔和的气息，这是完美的婴儿产品类别选择。

如果设计任务书体现的是为了融入环境的保守美学，那么就需要设计师进行自我控制和对造型做出精心选择。下面例子中的不同形状提供了不同的视觉信息。

"简约是杰出的关键。"

戴尔特·拉姆斯，产品设计师

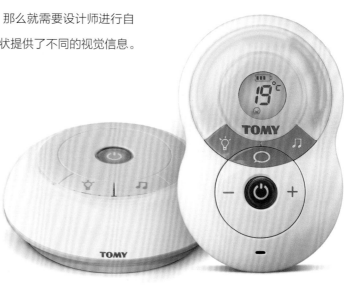

图 4.1 Tomy Ecoute 于 2013 年发布的 TF525 电子婴儿监护仪

图 4.2 兄弟 HL-2240 激光打印机
（2010）

图 4.2 中的打印机具有简单的矩形形状，并与其轮廓相呼应。这款产品的设计
比较低调，并与周边环境融为一体，这对于某些消费群体来说很有吸引力。

图 4.3 中的无线鼠标的形状是有机的，手掌可以舒适地与之贴合。这是造型设
计中一个非常重要的因素。如果一个产品要由用户来抓握或操作，那么它需要
有很好的手感。在绘制概念草图时，对有棱角的产品进行造型是可行的，但在
设计和人互动的部分时要更加细心，避免用户在长时间使用产品时感到不适。

图 4.3 罗技 MX Master 3 无线鼠标
（2019）

改善那些视觉效果不好的功能形状是可行的或者也是可预测的。以一个空心的形状，比如水壶把手为例。一旦确定了产品基本形状和人体工学的难点，设计师就可以决定哪些线条可以在不影响功能的前提下进行修改。另一种选择，可以是在设计中加入合适的符号形状与这些难点相匹配，就像在第二章轮廓阶段所演示的那样。

如果形状的表现力很强，那么观众会很快产生联想。形状应该始终受到功能的影响，如果需要则可以利用从原始情绪板中获取的灵感进行造型设计。形状设计也可以表达出产品的性别属性。如图 4.4 所示，柔和的形状可以体现出更为女性化的产品，而更有棱角的形状通常与更男性化的产品相关。然而，这也会因顾客和产品类别的不同而变化。

图 4.4 吉列于 2008 年发布的维纳斯清爽脱毛刀，有着比男性剃须刀更为柔和的外观

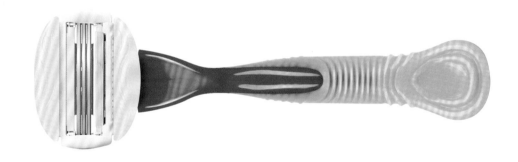

形状的一致性和连贯性

图 4.1 中的婴儿监护仪使用了椭圆造型，如图 4.5 所示的粉色 线条所示，该造型与整体外观和产品表面融为一体。重要的是创设与整体产品形式语言相关联的连贯形状， 从而达到更加和谐的效果。产品设计中最常见的二维形状通常都基于简单的几何图形，如圆形和椭圆形。如泪滴一样的流线型，也被证明在突显产品性能方面是很有效的。使用容易识别的符号也是表现意义或激发用户情绪的有效方法，用户更有可能在潜意识中与这些形状建立关联。另外，创新的形状也可以创造出更为独特或现代的外观。

图 4.5 Tomy TF525 电子婴儿监护仪整体采用了一惯性设计

 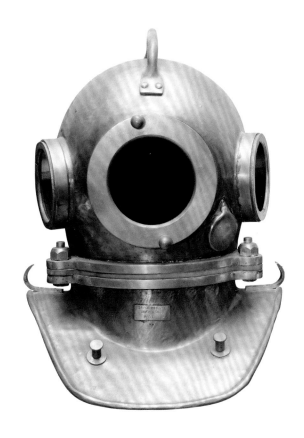

图 4.6 中的经典奢华腕表是瑞士手表设计师杰洛·尊达的作品。贯穿其设计的多边形，如八角形表盘、六角形螺钉和表栓在当时是一种新颖的形式，创造视觉上的独特性。据说，该设计受到 20 世纪 70 年代的潜水头盔的启发。虽然这款头盔并非多边形，但是观察窗周围的铆钉显然对此腕表设计提供了灵感。

图 4.6 左图为 1972 年至今的爱彼皇家橡树男士腕表。右图是为设计提供灵感的深海潜水头盔。

设计新形状

形状的造型和轮廓类似，但联想和象征意义在形状中的作用更为重要，因为它们更为明显。首先，确保功能形状可以在不影响产品使用和人体工学的前提下进行修改。如果功能形状需要改进，则选择一个合适的与其既定主题相关的形状。接下来就对这个形状进行抽象处理并简化其形式。这样做的目的是让客户感受到原有形状的特性，但是不能太明显地看出原有形状的来源。

 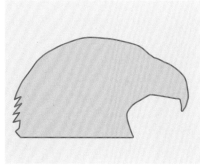 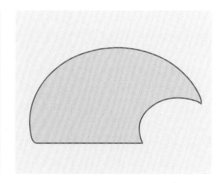

图 4.7 展示了一个利用象征和联想来设计新形状的例子。在这里，我们从白头鹰的头部开始，创作出一个能让人联想到速度和敏捷的形状，再对轮廓进行抽象以达成最终的形状特征。

图 4.7 唤起速度与敏捷感的新设计

利用交叉线条设计形状

在汽车设计领域，展现一个更为复杂的形状设计显得十分重要，因为这种方案可以使整个产品的外观及其视觉特征呈现理想的连贯性。

当几条线在产品表面汇合时，就会产生交点。图 4.8 中粉色前大灯形状的设计是相邻线条交汇的结果，即橙色的车轮拱线，蓝色的发动机盖闭合线。这种使用线条交点的技巧可以获得最佳的视觉效果，也能和谐地融入周边设计。

图 4.8 马自达 Kabura 概念车（2006），从交叉线中获得灵感

设计师表现出了很大的克制，仅有的设计特色体现在大灯的形状上，可以看到"皱眉"的顶线从大灯中引出。从发动机罩蓝色的前缘线过渡到橙色的车轮上方的前翼子板拱面，这就增加了整车的特性。这说明如果一个产品的外形上有几条交汇线，最好的办法就是让交点影响形状的设计。

只要有新的形状被安放到了一个具体位置，如有必要，则可以调整其比例和角度，以达到最佳的视觉效果。

在进行平面设计时，请留意形状要定位在二维空间内。边缘的轮廓可能有深度，因此可能会包裹住产品边缘。这就意味着，产品从前面或后面看，也可以看到侧面的轮廓，产品在这些视图中看起来也必须正确。如图 4.9 所示，从平面图中观察前进气口的形状，移动头盔时，形状也会随之发生变化。这也是设计其他产品平面图的必要条件，以确保所有的视觉效果和特征可以在进入 3D 设计之前和谐地融合在一起。

当几条线在产品表面相交时，就会产生交点。通过这些交点可以设计出最佳的形状。

第四章 形 状

图 4.9 Abus Tec-Tical 2.1 自行车头盔（2018）：形状由侧面过渡到正面

形状符号学

符号学是研究符号系统的科学。当设计出能够互动的形状时，它可以提高客户首次使用时的便利性。观察图 4.10 中的汽车门板。在形状设计方面，这里有三个关键要素值得关注。第一个是在面板中间众所周知的座椅形按钮设计。它是一个抽象后的座椅轮廓，但如果我们与它进行互动，马上就会明白其功能是什么。第二个是打开车门的手柄，它具有像喇叭那样的尖头形状。这是整个门板上最重要的功能，因为只有它是在紧急情况下使用的。这个形状显然是为了舒适和效率而设计的，尖锐的外观区别于周边的柔和形状，有助于吸引人们的目光。第三个是白色的门把手，这是一个柔软的、有机的形状，是基于舒适度而设计的。

这些设计表明形状具有心理学意义，设计师可以利用它来影响客户与产品的互动。尖锐的形状会吸引我们的眼球，因为它们有可能会伤害我们，而柔软的形状看起来手感更好，会鼓励客户与之互动。

图 4.10 梅赛德斯 - 奔驰于 2018 年发布的 S500 Coupé 车门面板上的形状符号

观察图4.11中的遥控器。首先吸引眼球的是中间那个较大的圆形浅灰色的按钮，所以这应该是电源键，也是第一个会用到的按键。形状的大小和颜色可以提高初次使用的便利性，并应在造型设计时加以考虑。最常使用的按键如频道键和音量键在视觉上被大面积的黑色造型隔开，所以很容易被找到。有趣的是，设计师为这款产品选择了一个类似螺旋桨的形状，但找不到明显的理由。不过，利用这个熟悉的形状，倒是可以巧妙地掩饰原本方正的轮廓。各种按钮按照功能合理分区，以方便客户使用。

图 4.11 URC R50 遥控器（2004）

图 4.12 墨菲·理查德 43820 水壶（2011）（修改后的图片）

形状克隆

克隆是指复制一个功能形状，并将其按比例放大以适配环绕在其原有形状的周围。这就产生了视觉冲击力，吸引人们对该部位产生关注。图 4.12 中的水壶设计者通过融入一个有机的水滴形状，使其把手成为一个有吸引力的视觉特征。这个空心的形状是由围绕着它的粉色的闭合线克隆出来的。在这种情况下，它并不是原件的完全复制，但是显然与原件有关联，而且对比强烈的颜色使它与众不同。设计师在壶体的边缘（绿色线）再次克隆了泪珠，突出了它的特点。我们的目光会被这个设计吸引，如果再给它一个对比色，这个设计细节就会变得更有魅力。风格设计是为了减少不吸引人的地方，提升产品的好感度。

第四章 形 状

图4.13 左图，偏离中心把手孔。右图，靠近中心把手孔

图 4.13 中，我们可能很难发现细微的差别，由于形状的轻微调整，左图的水壶把手开口看起来比右图的更有动感。左图的把手开口位置在把手区域的左上方，朝向粉色圆点。右图的把手开口居中，这样看起来就更加平衡和稳定。尝试将一个主导形状偏移来增加视觉冲击力。

动态形状

从图 4.14 中可以看出，电钻的垂直把手护板和倾斜把手护板在视觉上有很大区别。博世将这一特征进行了倾斜和锥形化处理，以获得更好的视觉效果。

图 4.14 博世 PBH 2100 RE 电钻（2012），左图是初始设计。右图为垂直减少动力的把手形状。

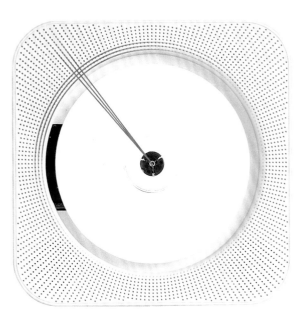

图案

当几个形状以一致的方式重复排列时，就形成了一个图案。为了使图案与设计相得益彰，它应该与周围的视觉特征或轮廓相关联。图 4.15 中，扬声器孔眼的同心图案与容纳 CD（激光唱盘）的圆形盖板相关联，从而形成了和谐的外观。

一旦形状得到优化，除了当两个相邻部件相交时形成的功能性封闭线（第 87 页）外，有些产品可能不需要额外的视觉描述。通过这三个简单的造型阶段——轮廓、比例和形状，就可以设计出吸引人的产品。由于这些设计看上去十分简单，所以细节显得更加重要，要仔细检查比例是否合理，特征的排列是否有功能和视觉意义。在建模阶段，尽可能始终确保半径或倒角的一致性，比如 1mm 半径和 45° 倒角，以使设计和谐。

所选的平面视图应该以平衡的状态出现。视觉特征无须重新定位、调整或设计。如果有需要重新设计的表面，则可参考第八章的相关指导。

图 **4.15** 无印良品于 1999 年推出的壁挂式 CD 播放器，扬声器孔眼设计呈放射状分布。右图，高亮的小孔组成的同心圆图案与 CD 相得益彰

如果你觉得需要更多的视觉信息来让
设计看起来不那么普通，下面的章节
将为造型提升提供更多选择。这也为
完成其他平面视图提供了空间，这些
视图将有助于产品准确地转移到三维
空间（参见第九章）。图 4.16 显示了
一个总布置图（GA），它展示了相机
的各种平面视图。把哪些设计转移到
三维空间由你决定，最常用的是正面、
侧面和顶部视图。

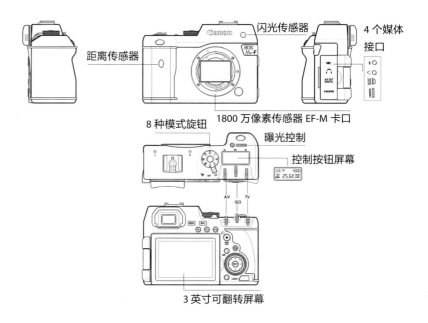

图 4.16 佳能数码相机 GA 展示多
个二维视图

章节回顾

评价之前描绘的产品形状的视觉特征。如果需要修改，则在应用之前，分别画出
一些设计草图，并考虑以下问题：

01   如果一个产品需要几条功能线或特征线，则沿着轮廓对它们进行设计（参见第六
章）。在许多情况下，最合适的形状是那些由相交线形成的形状。

02   是否可以将形状与轮廓联系起来？

03   设计形状时应首先考虑功能，然后对其进行造型。如果有必要，则可以使用从原始
情绪板中获取的灵感。

04   如果发现一个不理想的形状，则在不影响功能的前提下对某些线条进行修改，并尝
试一些替代方案。

05   形状具有心理学或符号学意义，设计师可以利用它来影响客户与产品的互动。所选
形状是鼓励还是干扰这种互动？

06   如果一个产品有多个按钮，则明智的做法是按功能、形状、大小和颜色进行分组，
以提高易用性。

案例学习：电热水壶

在这个案例中，唯一需要修改的形状是水位指示窗，由于与周围的特征缺乏视觉联系，它看起来不太合适。重新设计后，它与轮廓的上半部分平行，如下图所示。

随着设计的发展，这个形状在下面的章节中会稍做修改。

原设计

水位指示窗被重新设计以提高视觉关联。

修改稿

第五章

形 态

Stance

学习任务

- 第74页：从产品的角度定义形态。
- 第75页：阐述如何从大自然中为产品形态寻找灵感。
- 第75~78页：分辨不同类型的形态——动态形态、静态形态和姿势形态。
- 第78页：总结产品形态设计的要点。
- 第79页：尝试对单一产品使用不同的形态。

第五章 形 态

Stance

术语"形态"描述的是产品的姿态。如果要强调产品的姿态，可以增加它的个性或冲击力，以此增强设计语言的表现力。如图 5.1 所示，一个短跑运动员在比赛开始时以"预备"的姿势等待。这是一个动态的姿势，双腿蓄势待发，重心前移，两手体前撑地。这些独特的视觉特征可以通过多种方式移植到产品中。

- 动态形态
- 静态形态
- 姿势形态

"我认为设计具有个性的产品非常重要。"

马克·纽森，产品设计师

图 5.1 运动员的动态形态

动态形态

只需将产品的重心向一侧偏移，就可以制造动态形态。这会让人产生产品失去平衡即将倾倒的错觉，从而增强了视觉张力。改变设计的姿态显然需要修改其轮廓和功能特征，所以要参考配置图以确保可以容纳这些变动。图 5.2 中的水壶从其倾斜的姿态和渐变的轮廓中获得了动态的外观。使用直角三角形是为了给水壶把手的空心造型增加动感。

如图 5.3 所示，当猎豹准备跃起时，它把身体后半部分抬离地面，低下头，将重心转移到前腿上，这样就有了向前的动力。

图 5.2 布加迪于 2015 年发布的 Vera 电热水壶，采用了动态形态

图 5.3 猎豹的动态形态

第五章　形　态

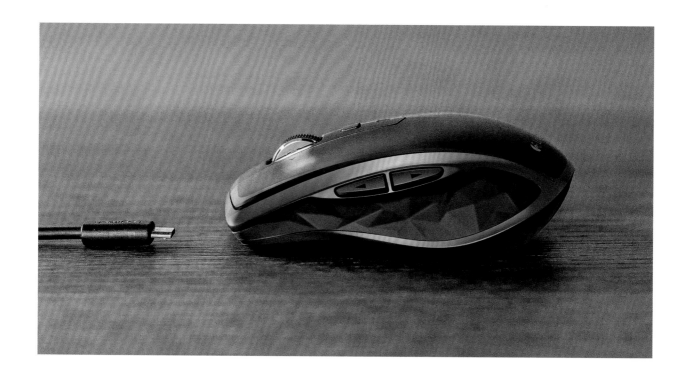

图 5.4 中的无线鼠标，产品设计师可以通过使用以下技巧创造相似的姿态：

1. 设计师拉升了产品右部边缘使其高于前部，制造出向前跃起的动态。

2. 在这个设计中没有垂直线条，所有线条都带有弧度，从后往前优雅地过渡，
进而成就和加强了产品整体的动态感。

3. 产品底部的线条形成了一个弧线，在视觉上造成鼠标的底部抬离地面的效
果。这模仿了猎豹的后背姿态，其中弧线是在肋骨和后腿之间。设计师从
这些细微的差别中挑选出情绪板中的图像，并在设计中使用它们来实现类
似的感觉。如果你能将这些元素选择一个与设计对象比例相近的主体，那
么这种传递将会比较容易实现。

图 5.4 罗技 MX Anywhere 2 无
线鼠标（2015），采用了动态
形态

图 5.5 小猪的静态形态

静态形态

图 5.5 中的小猪有稳定的外形和均衡的体重分布，所以它的姿态是静态的。图 5.6 中的吐司机的形态要素在形状上和小猪相似。它的重量均衡地分布在边缘四脚之上，这给了它一个健壮的外观，从而也增强了稳定性和分量感。不管是有意还是无意，圆润的外形、粉嫩的色彩和前面板上的圆形控制旋钮都让人感觉到了小猪的存在，这也让吐司机变得和小猪一样可爱。

图 5.6 Smeg 于 2015 年发布的双槽吐司机

姿势形态

Anglepoise 牌台灯（见图 5.7）最初是由乔治·卡沃丁于 20 世纪 30 年代设计的，它为使用者提供了最大限度的可调节性。它的外形让人联想到一个弯腰的人，用一个具有特定姿态的人像设计，增加了产品个性，也让它看起来与众不同。

图5.7 2014年发布的与保罗·史密斯的合作款Anglepoise 75型迷你台灯，有着姿势形态的设计

章节回顾　　设计师也许会强调其作品的形态来增强个性和视觉冲击力，以确保这样的设计可以在竞争中胜出。

01　　和客户交互最重要的视觉元素是什么？

02　　形态改变带来的更多个性和视觉冲击力可以让产品受益吗？

03　　选择可以反映想要表达的视觉质感或情愫的形态图像，再把元素分解为可以表现其个性的各个部分。

案例学习：电热水壶

原设计中的水壶有一个稳定的、静态的形态。如果想要更为动感的形态，则轮廓可以简单地倾斜，就像修改稿中的水壶一样。重心向前转移，设计师开始尝试对底座和把手进行造型。

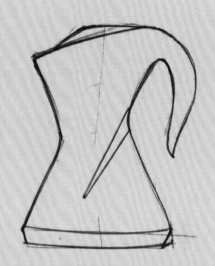

原设计

上图为静态形态的设计，下图的设计更具动感

修改稿

第五章 形 态

第 六 章

线 条

Lines

学习任务

- 第82页：了解线条在产品中的定义。

- 第84页：讨论线条是如何与产品的其他特性相关联的。

- 第84页：列举线条关系的不同种类：共线、相切、过圆心、相交。

- 第85页：解释线条逐渐相交是如何影响视觉动态的。

- 第86页：用调整的线条在现有产品上进行试验。

- 第87~90页：区分以下线条种类：闭合线、表面折线、实体形状线、空心形状线、图形。

- 第90页：总结线条设计的要点。

第六章 线 条

Lines

只要你对自己设计的比例良好的平面图充满信心，下一步就该决定产品是否需要像分割线这样的功能线条了。如果需要，那么思考如何设计它们以增强或融入设计。你可能会出于情感或个性原因而添加视觉线条，但并不是所有产品都要以这种方式进行阐释，功能元素或姿态也许会提供足够的差异性。没有个性线条的产品会显得很一般，可能无法在竞争中脱颖而出。这就是设计师的天赋和创造力可以发挥作用的地方，但重要的是，新的线条要始终如一地反映所选主题。同时要记住，如果竞争对手使用的是一种特殊的设计语言，那么最好以新思路进行设计，以保证与众不同，但是要符合客户的期望。

功能线在多个外部组件的产品中很常见。如图 6.1 所示，当两个或更多的部件组装时，在紫色面板与白色面板相接处会出现闭合线。添加这条线是为了补充轮廓。举例说明，如果这是一条有棱角的线条，产品就不会那么优雅了。

在个性线条的设计中创新是很重要的，因为这是最能体现自我的地方。只有通过尝试和自由表达，才能设计出与众不同的线条。有些设计师喜欢快速画草图，在轮廓上随意地画线条来寻找灵感。在

"手表应该看起来很精确，车应该看起来很敏捷。"

德尔·科茨，设计师兼作家

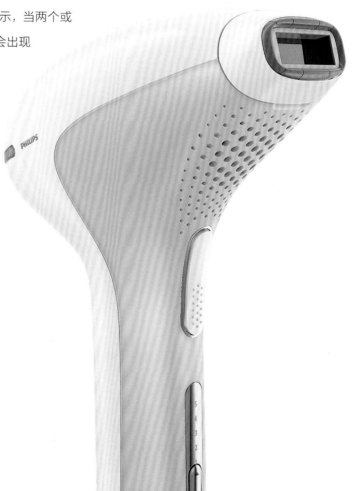

图 6.1 飞利浦于 2009 年发布的 Lumea IPL 脱毛仪

无序和随机中，他们会发现一个感兴趣的领域并加以发展。在选择线条时必须要有一定的克制力，因为设计过度或造型烦琐可能会导致产品的吸引力下降。

需要重点记住的是，平面上勾勒的线条在一个方向或平面上流动时，有时线条会在多个平面上过渡到三维（3D）形态。换句话说，从侧面看，一条线可能看起来是直的，但从上面看，它可能会沿着三维形态走不同的路径。如图 6.2 所示，从侧面看，头盔的顶部线条有绿松石色标出的弧度，但从上面看，这些线条在另一个平面上也有弧度，因为它们沿着三维形状的轮廓流动。

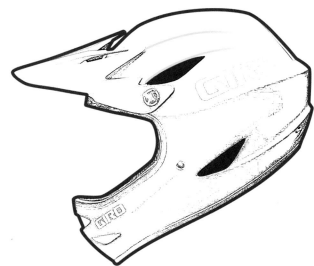

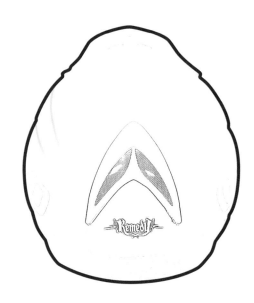

图 6.2 Giro Remedy 头盔（2013）。下图展示了该头盔不同方向的线条弧度

第六章　线　条

视觉持续和关联

为了表现整个产品的视觉连贯性，线条应与相邻的视觉特征或所选视图中的其他线条有所关联。如果线条的起点和终点都很明确，并且符合逻辑，那么设计将会更加和谐。图 6.3 中的表面折痕线，它的起点是旋转按钮，终点是修剪梳。这种线条有明确的方向性，在开始时显得较重，在结束时显得较轻，从而增添了视觉能量。这种效果是通过改变线条横截面的表面深度，从而改变其下方阴影的大小来实现的。

倾斜的线条可以使产品显得不那么静态。它们在增加视觉能量的同时，也增强了产品的姿态。纯粹水平或垂直的线条可以给人以力量和坚固的印象，这对于需要融入周边环境的产品来说是很重要的。

如图6.4所示，线条的开始或结束通常有以下特征关系：共线、相切、过圆心或相交。沿着产品的长度扫过的线可以让它看起来更长，这在处理相对较短的产品时是一个有用的技巧，这样会使它们看起来更长、更好。

图 6.3 Remington Barba 胡须修剪器（2015）

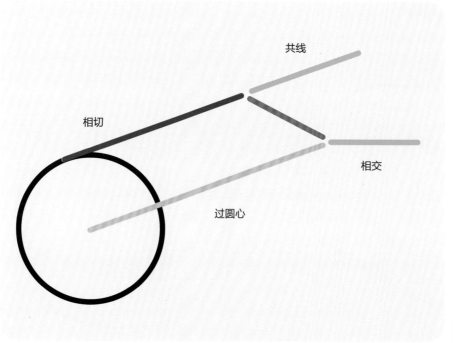

共线

相切

相交

过圆心

图 6.4 视觉特征中常见的线条关系

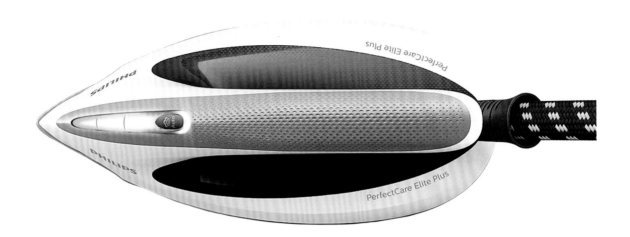

逐渐相交（Tapering）

另一种有效的动态技巧是使两条线有逐渐相交的趋势。当两条相邻的线条在一端逐渐相互靠近时，就会增加优雅和动感。观察图 6.5 中的表面，它是由精心设计的线条形成的，可以创造出强烈的视觉冲击力。在第八章中，线条的逐渐相交也可以在表面上产生视觉张力。逐渐相交是动态和感性产品造型的关键之一，它经常出现在大自然的杰作中。

潘通椅子的优雅来源于逐渐相交的线条和丰满的表面。观察图6.6中左右两图的区别，如果减少椅子侧面线条逐渐相交的趋势，那么视觉上的优雅感也会减少。

图 6.5 飞利浦 PerfectCare Elite Plus 蒸汽电熨斗 GC9660/36

图 6.6 潘通于 1967 年发布的经典款椅子。右图反映出减少线条逐渐相交的趋势，之后优雅感也随之减少了

第六章 线条

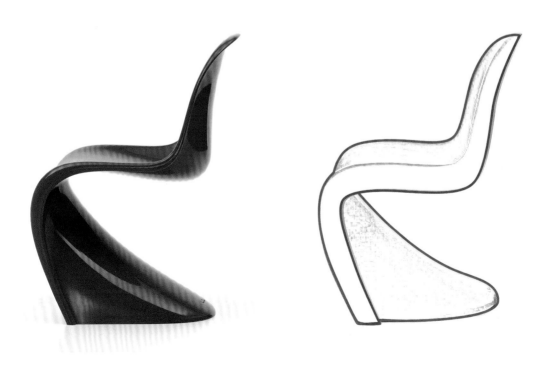

线条设计

在产品的轮廓周围轻轻地画一些线条，确保它们与其他设计特征相关。除非功能另有要求，试着在这些线条上稍微添加些弧度。线条的弧度应该通过手腕或前臂旋转笔来自然产生。可以暂时大胆地让线条穿过轮廓，多余的部分可以根据需求稍后擦掉，以确保它们具有自然的连贯性和活力。实验性地将线条与之前创建的视觉特征联系起来，用共线、相切、过圆心、相交操作，以增加关联。尝试对一些视觉特征的边缘进行细微的调整，看看是否可以改善它们与特征线条之间的关系。图6.7中左边的水壶草图显示了设计师是如何通过线条草图来尝试不同方案。一旦找到了最佳方案，就将所选线条加粗，以确定方案。请注意，左图中的水壶把手设计不如重新绘制的右图那么吸引人。

图 6.7 左图，线条尝试。右图，被选中的线条

图 6.8 常见的表现视觉特征的线条组合

如图 6.8 所示，在绘制草图时，尝试寻找每个线条存在的意义，以及如何才能使产品最优化。线条可以通过以下组合来运用到产品中：

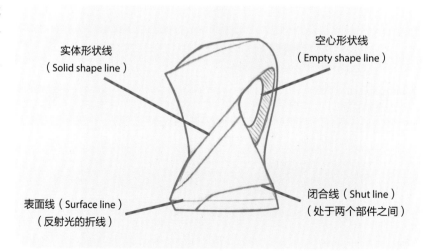

实体形状线
（Solid shape line）

空心形状线
（Empty shape line）

表面线（Surface line）
（反射光的折线）

闭合线（Shut line）
（处于两个部件之间）

闭合线

以图 6.9 中的蓝绿色线为例，当两个部件相接时轮廓线将变为闭合线，可能需要间隙允许面板打开或按钮移动。

当塑料部件组合在一起时，生产公差的变化意味着它们可能会略大于或小于精确规格。当工程师们要确保一个部件必须与另一个部件配合使用时，比如门与门框的配合，装配将是一个很好的选择。即使要放入的门是在公差允许的范围内最大的尺寸，而容纳它的门框是最小的也仍然可行。如图 6.10 所示，间隔就是考虑到公差存在的，这就是为什么闭合线的暗线（Dark line）的形式出现，是因为缺口超出区域，处于阴影中。虽然这些线条是功能性的，但还是要让它们在视觉上与整个设计相配合。

图 6.9 索尼 PlayStation Dual Shock 4 游戏手柄（2016），闭合线条高亮显示

图 6.10 宝马摩托车气流头盔(2017)，右图闭合线高亮显示

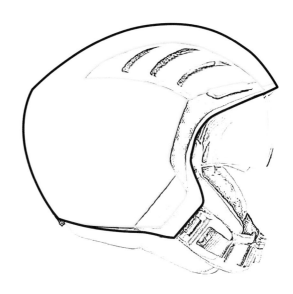

到了实体三维建模阶段，有些设计师会通过在模型上用黑色进行标记或使用黑色遮蔽胶带来试验和完善闭合线的设计。这样可以保证闭合线以最理想的方式在三维立体物品周围流动。

表面折线（Surface Crease lines）

如图 6.11 所示，表面折线出现在两个对立面的相交处。设计师创造这些线条是为了给产品增加个性和活力。当光线从不同角度照射到表面上，使一侧比另一侧更暗时，这种线条就会变得很明显。折线也可以反射光线，形成一个高光部分，吸引人们的目光。表面折线的设计通常在三维建模阶段进行优化。

注意图 6.11 中高亮的表面折线，它延伸过灰色组件，提升了整个产品的线条连贯性。尽管一条线是实体形状的边缘，而另一条是表面折线，但这在视觉上还是奏效的。设计师在绘制草图时使用这些不同的线条来提高视觉上的连续性，并确定产品的制造方式。

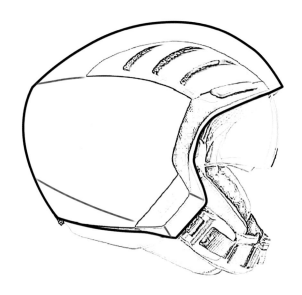

图 6.11 宝马摩托车气流头盔（2017）。
右图表面折线高亮显示

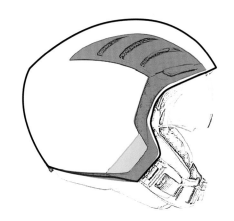

图 6.12 宝马摩托车气流头盔（2017）。右图实体形状高亮显示

实体形状线

勾画的线条有时会变成实体形状。图 6.12 中突出显示的形状是已经装配在头盔上的独立部件，这就是为什么在它们周围可以看到闭合线。形状和线条经常会相互影响，因为设计师的目标是使它们在视觉上互相关联。我们通常会看到实体形状的边缘与其他种类的线条交汇，以提高线条的连续性。头盔上部三个入口槽的设计很有可能最初是被设计为单一线条的，设计师后来决定将这些入口槽封装在紫色高亮的号角形状中，成为一个独特的视觉特征。

空心形状线

图 6.13 中突出显示的进气孔是功能性的，可以引导空气进入为可翻转式面罩除雾。非功能性空腔有时也会被添加到产品中，以创造视觉趣味或改善线条的连续性。如果不能选择在设计中添加空腔，而又需要更多的造型细节，那么可以设计一个纯粹作为造型辅助的实体形状镶嵌在产品表面。

图 6.13 宝马摩托车气流头盔（2017）。右图空心形状高亮显示

第六章　线　条

图形

最后一种可用于产品设计的线型是通过简单的颜色变化实现的。当物理线条不合适时，彩绘区域或图形可以增强产品的活力，如图 6.14 中的红色部分。线条可以由图形设计本身构成。当两个撞色的图形相遇时也会形成线条。图形可以通过多种方式应用，如水转印、凸版印刷、移印、乙烯基贴纸等。它通常用于品牌宣传，也可用于提高线条的连续性或活力。

图 6.14 美国水星于 2019 年发布的 250 马力 V8 Pro XS 出海用舷外马达，运用了红色线条图形

章节回顾

线条给产品增加了情感和个性。设计师的创造力得以展现，但是线条要和既定主题相关。

01	线条是否以共线、相切、过圆心或相交的方式开始并结束？
02	有时候最合适的设计形状是简单相交的线条。视觉特征的形状可以通过调整来提升线条的流畅度和关系吗？
03	适当的克制在选择线条时很有必要，因为过度设计和繁杂的风格会影响产品魅力。
04	从水平方向倾斜的线条可以给设计带来活力和动感，同时也能增强其形态。线条的角度是否合适或可行？
05	将相邻线条处理成逐渐相交的是设计出吸引人的动态造型的关键之一。是否能够熟练地将这些融入设计？
06	尝试在线条中加入一些弧度，让设计更自然和富有感情。
07	草图绘制的线条可以通过以下方式应用到设计中：闭合线条、表面折线、实体形状线、空心形状线和图形。

案例学习：电热水壶

上图看起来很凌乱，因为设计师一直在尝试不同的线条和形状。水位指示窗是一个重要的视觉特征，它被延伸到了机身的侧面，使其与把手和壶身轮廓相关联。设计师还决定将把手重新融入壶身，而不是将末端裸露在外，这样就形成了一个中空的形状。经过调整后，把手与周围的线条整齐地交汇在一起。另一个不闭合的把手概念可以很容易地设计成备选方案。

下图是完成后的侧面轮廓，通过叠加原图进行重新刻画，使其更有表现力。轮廓经过加粗处理，使其更加突出。

原设计

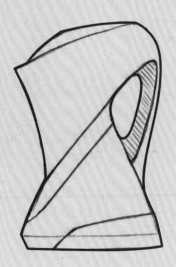

修改稿

第六章　线　条

在学习完本章之后，你可以通过观察所设计的轮廓来分析是否有相关的微小部分需要修改调整，好用来巩固自己已掌握的线条知识。

第 七 章

体 积

Volume

学习任务

- 第 94 页：以产品范畴定义体积。

- 第 94 页：阐述如何改变现有产品的体积。

- 第 97 页：展示如何通过分解体积来缓解呆板形象。

- 第 98 页：总结体积设计的要点。

第七章 体 积

Volume

图 **7.1** 伊顿 FRX5 Sidekick 电子收
音机（2019）

产品的某些部位会由于过大而缺乏视觉信息，因此会显得沉闷或过于激进。体积是指立体产品有着明确定义的形状或区域，既可以是实心的，也可以是空心的。图 7.1 中的提手部分就是一个经过视觉考虑的体积，尽管它是空心的。通过将不理想的大体积分割成更小的部分，就可以实现更轻薄有趣的产品外观。

图 7.1 中，收音机的提手与三角形的灰色扬声器和控制器将黑色面板分割成若干部分，这给人一种更薄的错觉，也让产品看上去更轻。例如，如果主体是红色的，那么被分割开的各区域就会显得更加明显。本产品的设计是为了方便随身携带，所以要有轻量耐用的特性。

引入新的体积

体积通常和产品功能相关，所以操作起来并不容易。如果一个实心物体看起来很沉闷或不理想，可以通过简单地将其轮廓克隆为实心或空心的形状来增加另一个部分，以增加视觉分离感。

图 7.2 展示了一个婴儿座椅的侧面概念图，主要部分用不同的颜色突出显示。在较小的橙色部件被加入用于呼应主体之前，粉色所示的下半部分显得很沉重。这个橙色的部件还有一个好处，就是可以使得周围的线条和表面有优雅的流动感。紫色枕头部分与粉色的下半部在视觉上是分开的，因为表面在交点处扭曲并向内倾斜。注意，橙色部件是主体的补充，因为它反映了主体的形状。

图 **7.2** 婴儿座椅概念图（2008），
主要部分高亮显示

图 7.3 显示了复刻部件的结果。侧面下部向里复刻出较大的留白与主体相呼应。通过剔除一部分来减轻体积的视觉效果并不总是可行的。设计师将会更倾向于增添实体部件来增加视觉分离，其结果就是会产生更多的功能性组件或形状。

图7.4 左边的主机外观保守，看起来很普通，这是因为缺乏视觉信息和箱形轮廓。中间的主机同样是箱形的轮廓，却用银色有弧度的部分来修饰，让人们的视线从轮廓的直边上移开。右边的主机在形状和细节上增加了主体的分离度，使产品更具特色，并在视觉上让产品变轻了。

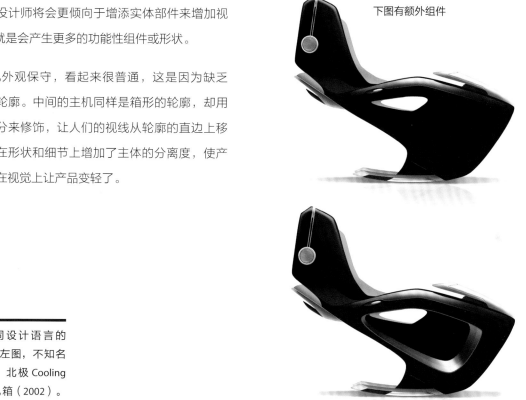

图 7.3 婴 儿 座 椅 设 计 概 念 图（2008），上图没有额外组件，下图有额外组件

图 7.4 使用了不同设计语言的计算机主机机箱。左图，不知名品牌机箱。中图，北极 Cooling Silentium Eco-80 机箱（2002）。右图，戴尔 Precision T7500 机箱

第七章 体 积

图 7.5 戴尔于 2018 年发布的灵越 5680 游戏台式主机

图 7.5 中的主机机箱有着沿对角线设计的散热格栅，这就将外形不对称地分成了两个部分。不对称的产品往往不如对称的好看，但在本设计中，该设计比其他方案更引人注目，因为我们的眼睛还没有习惯这种形式。不对称设计值得尝试，但也取决于目标客户群体的喜好。

图 7.6 飞利浦 Saeco 咖啡机（2010）

图 7.6 中咖啡机的设计者增加了有机部件。这些都被转化为流动部件以整合外形设计，好用来模拟咖啡流动的样子。

汽车的尾部在平面图里看起来通常是很大的，所以设计师把它分割成若干较小的部位，以减少视觉上的笨重感，增加趣味性。图 7.7 中的汽车尾部被分为四个主要部分，即右图中的蓝色、粉色、黄色和绿色。车灯、排气管、车牌和后

图 7.7 沃尔沃 XC coupé 概念车（2014）。右图为各部位高亮显示

导流板的形状为汽车增添了个性，视觉层次更清晰。如果没有这些部件区分，车辆尾部看上去就会呆板、无趣。

体积设计

当评价一个产品的体积时，首先要突出那些在视觉上可以改进的地方。有多种选择可以减少这些区域的呆板，比如：可以向内复刻原部件的形状，创造一个与原体积和谐的小部件；也可以添加新的细节，如形状或线条，就能增加视觉分离度；还可以调整表面部件以改善视觉分离度。

在完成本阶段之后，你应该对所选的平面图风格感到满意。如果不满意，那么你需要再次更详细地研究造型阶段，或者选择另一个可能更适合产品的视觉主题。

创建一系列造型方案

为了选择最佳概念，并为客户提供能够增加满足其要求的可能性选项，设计师必须创建多个造型方案。第一次的设计尝试不一定是最好的，所以快速创造许多概念图是一种宝贵的技能。为了产生一系列鼓舞人心的造型方案，你可以在以下几个方面进行创新：

1. 功能性和人体工学
2. 全新的视觉主题和造型语言
3. 运用第 13 页的奥斯本清单来寻找灵感
4. 忽略一个或多个造型步骤来造就不同的美感

这也是在阅读本书过程中萌发出个性造型理念的好机会。可以尝试挑战自我，对同一产品使用至少十种不同的设计方案。

当你在展示方案时，客户想要看到同一产品的不同设计方案，从而获取更多的信息，立体视图（参见第九章）也很受客户的欢迎。如果要展示立体视图，你至少要创建两个该产品的平面视图。

"建立各部件间的绝佳平衡，以确保所有部件都适得其所。"

米歇尔·蒂纳佐，汽车设计师

如图 7.8 所示，这种方案可以通过创建一个连接原设计细节的视图来实现。选择将在新视图中体现的所有视觉特征，用粉色横线来指向另一端，并确保它们关联正确。经验丰富的设计师可以不借助这样的视图直接在立体空间中进行操作，但平面视图更能清晰地看出机械或电子零部件是否能容纳在里面。

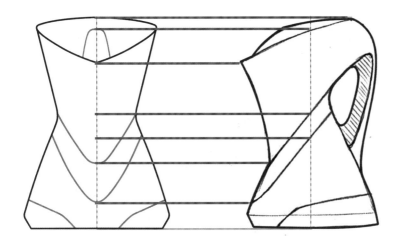

图 7.8 通过侧视图创建一个主视图：正交投影

章节回顾 那些看起来过于笨重、方正或太大的设计，可以通过以下方式进行重绘修改：

01 通过调整视觉特征的大小或位置来更好地填充整体。

02 尝试在大的体积内部复制一个较小的体积。它会变成一个新的部分，空心或者形成对比特征？

03 尝试对整体用线条或形状进行分割，以此来创建新的表面。

04 如果产品表面比较闪亮，则表面反光就可帮助其进行分割。

05 尝试通过增加颜色和图像来提升产品整体的吸引力。

案例学习：电热水壶

水位指示窗在上图中以一定的角度贯穿壶身，从把手向下延伸到产品的正面。这个特点也有一个造型上的功能：增加视觉趣味，并分割了水壶的主体外观，减少了视觉上的笨重感。下图就没有这种分割，看起来比较简洁，但由于主体积明显增大，看上去也比较笨重。这个不规则轮廓设计增加了视觉冲击力，减少了方正感。

现在你可以决定是通过继续阅读本书将平面概念发展为立体的，还是专注于一系列其他的平面造型选项。

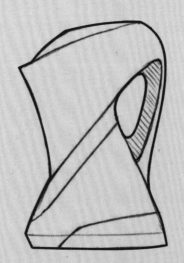

原设计

体积设计是如何影响产品重量感的

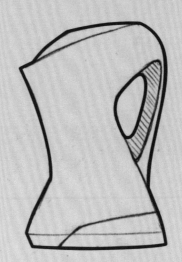

修改稿

第七章 体 积

第八章

表　面

Surface

学习任务

- 第 102 页：在产品领域定义表面。

- 第 104 页：辨别凸面、凹面和平面三种类型的曲面。

- 第 106 页：解释增加或减小表面角度对视觉效果的影响。

- 第 107 页：展示和理解反射面对周围环境的反映。

- 第 107 页：解释表面细节的效果。

- 第 108~111 页：描述五种常用的表面设计方法：平滑过渡、张力、双
  曲面、清晰度和倒角。

- 第 112 页：列出四种主要的表面连续性类别。

- 第 113 页：用轮廓线和阴影进行表面设计尝试。

- 第 114 页：总结通过表面设计来改善产品的方法。

第八章 表 面

Surface

表面填补了草图线条之间的空白，它是产品框架之间的内容。作为设计师，你必须像雕塑家一样进入立体空间思考。如图 8.1 所示，当表面和经仔细考量后的线条设计相结合时，它们可以表现得富有感情，也是真正唤起消费者对产品产生视觉激情的主要元素。根据设计大纲的要求，我们可以利用产品的表面语言来唤起从肌肉力量到温柔纯净的任何感觉。

设计师利用表面来操纵光影，以达到理想的视觉效果，并将三维形态统一起来。当功能上有很多限制时，设计师可以用表面来优化产品的形式。设计师可以通过加入视觉错觉，如高光，即上部分区域比邻近的表面更亮，使产品更接近理想的形式。表面能够增强产品的个性，并且可以通过光线和阴影来分离或柔化主题，使产品看起来更轻盈。

图 8.1 法拉利于 2019 年发布的 SF90 Stradale 跑车，有着肌肉式的线条和闪亮的外观

"当我还年轻的时候，听到的总是关于功能主义的论述。但这远远不够。设计应该是感性和令人兴奋的。"

埃托·索特萨斯，建筑师，设计师

图 8.2 运动鞋具有模仿人脚的复杂起伏表面

在所有产品中，运动鞋的表面设计是最复杂的，因为它们必须包裹人类脚部的复杂形态。在图 8.2 所示的例子中，额外的表面细节增加了产品的特色。图 8.3 中的头盔也具有复杂的表面，头盔的下半部分和周边环境有着交互和流动感，上半部分有着高亮的表面，利用光影来分割动态的形状，而对比鲜明的材料处理也增加了视觉分离感。这种动感的表面设计从未让消费者失望过，但根据目标市场的不同，比之简单得多的表面设计仍是有需求的。

图 8.3 Giro Ember MIPS 女式骑行头盔（2018）

图 8.4 中的腕表，以简单的几何造型营造出一种精确和坚固的感觉，这也是某些产品的重要标准。边缘经过倒角处理，以便在手腕移动时反射光线。这些小细节通常经过抛光处理，从而最大限度地提高其反射率，从而凸显腕表的精确性。这种特殊的设计也很怀旧，因为它的灵感来自经典的飞机驾驶舱仪表。

图 8.4 柏莱士于 2018 年发布的 BR 03-92 腕表

光线和阴影

当一个有光泽的表面向地面倾斜时，它将反射出地面的颜色（或阴影）。如果表面向上倾斜，在日光或人造光下会显得更轻。正如我们所看到的，在产品上看到的大多数"线条"都是处于阴影中的闭合线条，当光线照射到其部件边缘或表面褶皱时，就会变得非常闪亮。所以，到了立体建模阶段，你的草图线条会变成闭合线、边缘线、表面折痕，以及实心或空心的部件形状。在造型时，想象一下每条线可能会变成什么样子，以便更好地理解立体形态，这是一种很好的练习方法。

图 8.5 上图，凸面，向外凸出。中图，凹面，向内凹陷。下图，平坦的平面

表面的种类和角度

如图 8.5 所示，设计师常用的表面类型有三种——凸面、凹面和平面，也有将这三种类型结合在一起的造型。

如图 8.6 所示，产品可以是凸面和凹面的混合体。这也显示了表面设计的创新可以吸引消费者的注意。

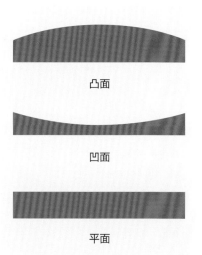

凸面

凹面

平面

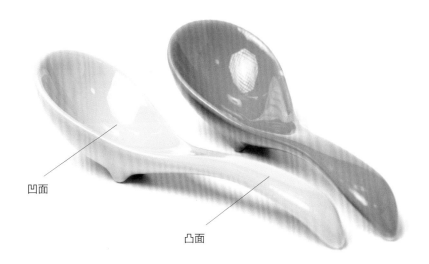

图 8.6 展示不同类型表面的陶瓷
勺子（图片有修改）

凹面

凸面

产品表面可以在纸上使用轮廓线条或渲染来设计，但只有在以数码或实体方式
进行立体建模时，设计师才能准确地解决复杂产品的表面问题。雕塑的表面总
是需要从不同的角度进行观察，以确保它们能与邻近的视觉特征和表面相融合。
如果不注意凸面的造型，产品会显得过于膨胀。如图 8.7 所示，设计精美的凸
面轮拱在这辆跑车中可见一斑，产品显得饱满性感，却不至于臃肿。

图 8.7 法拉利 250 特斯塔罗萨
Spyder 跑车 (1958)

第八章　表　面

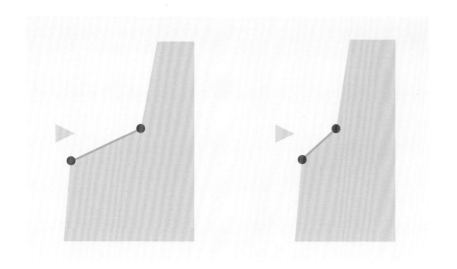

图 8.8 较深的表面会有较强的明暗对比度，较浅的表面显得对比度不足

在一个产品中有更深、更大角度的表面，设计就会显得越大胆。想象一下，把一个产品劈成两半，从其中一个表面的切口端往下看。图8.8显示了一个产品的横截面，粉色点描绘了被切断的折痕线。如果粉色点之间的水平距离更长，假设高度不变，那么绿色表面就会变得更大，因此会反射更多的光线。从侧面看，如灰色箭头所示，这将比灰色陡峭的表面有更强的对比度。如果粉色点之间的距离缩短，则表面会变得更陡峭，反射的光线更少，与之前的表面设计比起来反差更小。

如图 8.9 所示，如同第七章中提到的那样，这种在交错相邻表面通过棱角调整反射光对比度的方法，在试图减小较大体积的视觉感受时特别有用。

图8.9 博士 PST 18 LI 无绳电钻（2016），蓝色线条突显出了错落有致的表面轮廓

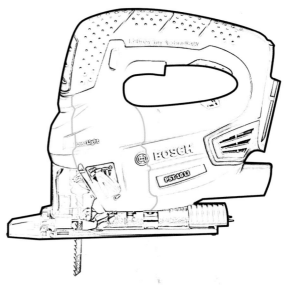

反光表面

反射面是通过对周围环境的镜像来自然划分的。请分析图 8.10 中闪亮的球体和灯体是如何表现这一点的。裸露的表面如果是反光的，就不需要再进行修饰了，因为在其表面产生的反光可以提供足够的视觉趣味和区分。

了解反光表面如何反映其环境是很重要的，因为这将使你能够控制表面上出现的反射及其程度。最好的学习方法是观察简单的反光几何体，如圆柱体、球体、立方体或圆锥体。如果一个设计方案有着反光的复杂表面，可以在 CAD 中建模并对其渲染。然后，你可以检查和优化产品的表面设计，直到这个表面设计与产品相匹配。

图 8.10 闪亮的表面会反射它的周边环境

表面细节

图 8.11 中的鼠标在视觉上被分割成两个主要部分。侧面按钮上方的表面比下方的表面更亮，有助于减少其视觉重量。侧面按钮上方的所有表面都是向上倾斜的，而下方的大部分表面则是向下倾斜的。底部较亮的表面可能是为了给拇指提供一些支撑，或者仅仅是为了吸引消费者的注意。

图 8.11 TeckNet M003 鼠标

表面也可以通过设计来体现其使用方式。图 8.12 中的砂光机有着圆形的外观，侧面有椭圆形凹痕，供使用者在打磨时拇指和其他手指在两侧进行抓取。

如图 8.13 所示，头盔表面有增加高光的遮阳板，该设计同时也增加了产品的视觉趣味和活力，而不需要额外图形和挖孔设计，但这样可能会降低头盔的防碰撞性能。遮阳板由两对立平面相交形成的清晰的高光线构成，它足够的深度提供了良好的可视范围。设计师可以通过侧视图来绘制这些线条。交线以上的表面以凹面的形式渐渐过渡到侧面来吸引光线，而产品下半部分的暗面则是向地面倾斜的。遮阳板也可用于掩盖不理想的细节，可以将其置于阴影之中，或通过改变其侧面轮廓使它看起来不那么抢眼。头盔在没有遮阳板的情况下会显得更规整，但也失去了很多活力。根据设计概要和目标客户的要求，整齐和活力这两个特点都是可取的。

图 8.12 百得鼠标式砂光机（2015）

表面设计方法

平滑过渡

具有吸引力的表面通常会在水平和垂直方向的线条间平滑过渡。如图 8.14 所示，瓶子表面没有平滑的过渡，导致其反射的光线很杂乱，所以在视觉上就显得比较难看。

图 8.13 Bell MX-9 探险头盔（2015）。右图是去掉高光部分的设计

图 8.14 遭受破坏后的表面产生的
无规则反光效果

将这个被破坏的表面和图 8.15 中流畅有序而又优雅的设计
进行对比，消费者会立刻产生情感联系。

张力

如图 8.16 中被拉伸和旋转的皮筋一样，紧绷的表面会形成
一种具有压迫和动力十足的感觉。这种紧绷感可以通过皮
筋表面柔和的渐变阴影直观地表现出来。

图 8.15 飞利浦 GC5039/30 Azur
Elite 蒸汽熨斗（2018）

第八章　表面

图 8.16 紧绷的皮筋

图 8.17 博世于 2018 年发布的易
剪无绳枝条修剪器

如图 8.17 所示，修剪器的紧绷感通过对下部把手的轻微翻
转和曲线的结合体现出来。

双曲面（Double Curvature）

双曲面是指一个平面在两个方向或平面上弯曲。这样的设
计比单曲面看起来柔和自然很多。

图 8.18 中的银色表面主体具有双重弧度，形成了柔和的球
形渐变反射。注意，设计师还通过加深侧面的颜色使底座
看起来更薄、更轻。因此，银色表面看起来精致优雅，仿
佛丝绸一般。图 8.19 中的银色表面与此相比，因为厚度而
显得更重。

双曲面设计看起来比单曲
面更加柔和自然。

图 8.18 飞利浦 HR2094 搅拌机
（2002）

清晰度

大胆而又轮廓分明的表面提供了视觉上的复杂度，并给人以产品优质的印象。深入产品内部的表面设计能够形成更多的光影对比，达到更明显、更自信的效果。如图8.19所示，半径较小的凸面和凹面交替相连，产生清晰的过渡面。较大的半径会使表面更趋向于平面，从而会降低交相线的清晰度。这种情况通常出现在形式语言比较柔和的产品中。

倒角

如图 8.20 所示，边缘的倒角营造出一种精确的感觉，并经常被用于获得整齐的边缘高光。从理论上来说，倒角是一个与相交面成 45° 夹角的平面。但是在产品造型中，它可以在更广泛的意义上进行描述。例如图 8.19 中的咖啡机，它的右上角边缘有一个倒角面，沿着银色面板向下延伸。然而这个倒角并不是 45°，而是通过小角度倒角使表面变得柔和，展现了这种表面的灵活性。

图 8.19 飞利浦于 2010 年发布的喜客咖啡机

图 8.20 JiGMO 录音机（2017）

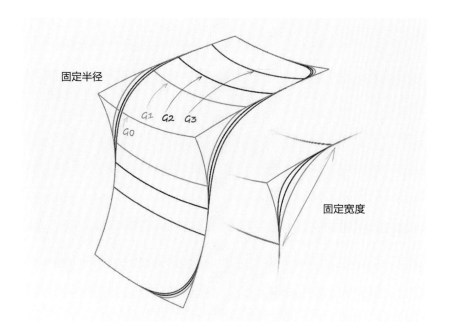

图 8.21 延续性的种类

表面的延续性

图 8.21 有四种主要的表面延续类型，即 G0、G1、G2、G3。G0 表面是没有延续性的，会在捕捉光线时产生高光边缘。G1 连续性是与对立面相切的表面，在有反射光时边缘会产生高光。G2 也显示出一个切线，但是具有延续性，它是意味着整个反射将更加平滑和彻底。最后，G3 的延续性创造了表面之间的无缝连接，常见于汽车设计。

造型泥和泡沫塑料是设计师在造型阶段常用来完善表面的材料。十分重要的是在车间里花时间建模之前，把需求体现在纸面上。完成所有必要的图样，这样你就能更好地了解表面在切割产品时切多深才能不影响内部部件。有些产品会有额外的要求，由监管机构控制，如英国的英国标准协会（BSI）、美国的保险商实验室（UL）和欧洲的国际电工委员会（IEC），所以了解并遵守这些规章制度是很必要的。一旦确定了这一点，你就可以自信地创建一个模型，并清楚表面不会损坏包装。

表面设计

一旦你完成了产品的草图，就可以通过几种方法尝试表面设计。如图 8.22 所示，设计师通常会在他们的概念图上绘制轮廓线，以显示设计意图。阴影和色彩渲染是增加表面形态最直观的方法，但它们需要更多的时间。不过客户对渲染后的图像或实物模型的认可度总是高于简单的草图。

表面过渡最有可能发生在有线条或形状的地方，所以如果你不确定表面变化可能发生在哪里，最好在这些地方开始试验。Adobe Photoshop 是一个很有用的添加形式的渲染工具，因为你可以通过它对效果进行修改来节省时间，而不必制作许多草图。明智的做法是，手上要有一张竞争产品的平面设计图作为指导。表面应该在原有视觉主题的影响下，与整体产品的形式语言相融合。

图 8.23 中的剃须刀以其柔软、清晰的表面给人一种有机的、高科技的感觉。该产品有着完美的表面语言，因为它的设计是为了适应手部的需要。如果一个产

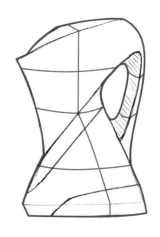

图 8.22 上图，轮廓线。下图，经渲染后清晰的形状

图 8.23 博朗 7 系电动剃须刀（2016）

第八章 表 面

品经常被用户使用，那么设计出符合人体工程学的表面是非常关键的，否则它的外观和握持感都不会令人舒适。因此，尝试是必不可少的，进而设计出有吸引力的表面，同时也要满足人体工程学的要求，再与产品的其他部分融为一体，并以最吸引人的方式反映其周边环境。

章节回顾

有三种类型的表面可供设计师选择：凹面、凸面和平面。尝试通过轮廓、阴影或渲染二维视图来处理其中的一些方案，看看什么最合适。尝试运用并调整张力、双曲面、鲜明度、倒角和弧面半径，同时保持整个产品的平滑过渡。在绘制草图时，尝试着想象不同的表面如何与你的设计相配合。表面可以通过以下方式改善产品：

01 可以运用光影来分割和柔化体积，让产品在视感上更具轻量感。

02 表面高亮和反光可以添加视觉乐趣，同时也减少了产品整体的厚重感。

03 产品表面刻画得越深、越有棱角，该设计就会显得越大胆。

04 光亮的表面可以吸引消费者更多的注意力，不那么好看的部分可以用阴影来隐藏。

05 确保表面符合功能要求。例如，如果产品要在室外使用或保存，请确保其凹面不会积聚雨水，除非有此用途。如果产品需要长久的握持，可能需要用到半径很大的柔软弧面。

案例学习：电热水壶

从这里的水壶渲染图来看，它的形态是银色的上半部分为略微拉伸的圆柱体，深灰色的下半部分为锥体。从壶嘴延展到壶把的银色表面具有张力，也增加了视觉冲击力。底部更具几何感的锥形表面为水壶提供了坚实的底座，同时也确保了水壶能容纳足够多的水。

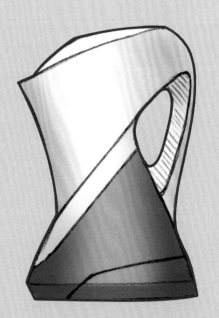

渲染的水壶表面表现形式。

一旦完成了二维的表面设计，你就应该对这个视图充满信心。如果设计仍有视觉上的缺陷，试着了解问题区域，并创新地提出解决这些问题的方案。在此阶段最好休息调整一下，或者在另一个视图上工作，以刷新你的认知。等你重新审视这个视图时，会更容易发现和修复视觉缺陷。下一个阶段是在立体空间中进行设计。

从平面到立体
2D to 3D

学习任务

- 第 118 页：识别常见的立体绘图方式。

- 第 119 页：讲解如何使用现有设计指南来辅助立体造型。

- 第 120 页：解释如何在从平面向立体转换的过程中检查比例。

- 第 120 页：指出如何在整体尺寸不变的情况下调整视觉比例。

- 第 123 页：解释平面转变为立体时如何调整线条。

- 第 123 页：分析成功的立体造型案例。

- 第 126 页：总结从平面到立体造型的要点。

第九章　从平面到立体
2D to 3D

把平面设计转化为立体造型，基本上都会将平面视图连接在一起。产品是能从很多角度观察的物体，所以在把平面视图合并成立体造型时，平面视图的配合很重要。立体造型设计的技巧是正确的透视，并能将相关的平面视图整合在一起，以自然而又无缝的方式体现产品设计原意。学习三维草图绘制的常用方法，可以用单点或两点透视的方式画出一个具有适当比例的方框，再用缩小后的平面视图填充相关的面，在交汇处进行混合处理。然而，这样的技巧需要数年时间才能掌握，所以当你想快速制作一个具有代表性的三维图像时，就会感到沮丧。

透视绘图必须经过学习和练习，而专业人士使用的三维设计指南将帮助你在短时间内产出准确的结果。将三维设计指南作为底稿，并在其上方进行原始草图绘制，你就可以了解立体形态和透视的细微差别。

三维草图的绘制是有难度的，但是快速判断、展示和改变三维造型的能力非常有用。三维草图可以让你精准地控制设计，让客户或经理很容易理解你的理念。这方面的相关书籍和教程有很多，然而每天专门的设计指导练习会让你快速提高。如果你不喜欢画草图，那么可以制作实物或生成数字模型来代替草图，但是它们通常需要花费更多的时间。

概念确定后尽快转入实物或数字建模阶段。

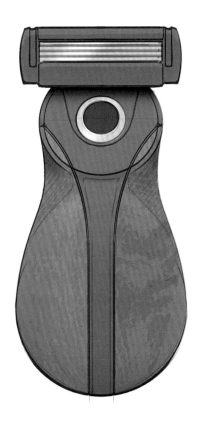

图 9.1 展示了产品后部的四分之三视图。三维造型设计应从用户最常看到的视角开始。为现有产品找到一个比例相似的合适的三维设计指南来作为底图，这些图片很容易在网上找到，再将其描摹到图纸上，添加透视指引和虚化点，接着重复这个过程，调整一些视觉特征的位置和造型。当你觉得很自信时，可以尝试在这个视图中重新创造属于自己的设计，同时也要参考你已经创建的平面设计图。随着时间的推移和不断练习，你就可以不再需要这些设计指南。在有信心的时候，你可以开始在没有设计指南的情况下进行三维造型。

为了使产品在三维空间中看起来很吸引人，应该遵循几个指导性原则。首先，你应该将产品平面设计图准确地转移到三维草图或模型中去。如果三维草图对你来说还是一种摸索中的技能，那么你可能需要多次尝试才能得到正确的效果。一旦对自己草绘出来的平面图感到满意，你就可以进入下一造型阶段了。设计师经常在立体草图的早期阶段发挥艺术想象来改善整个产品的视觉流程，这就是为什么一旦选定概念，就必须尽快进入实物或数字建模阶段，这样你才能更好地理解和完善产品形态。

图 9.1 汤姆·麦克道尔绘制的立体剃须刀概念图（2018）

立体比例

当对一个三维草图进行风格评价时，你的第一步应该是确保整体比例与最初在平面图上构建的一样。检查宽度、长度和高度的关系，如果在包装和功能限制允许之内，则可以对比例进行相应调整。如果需要，还应该检查和修改视觉特征之间的距离和比例，因为它们在立体空间中可能会表现出不同的效果，比如视错觉会造成，当物体与观看者的距离增加时它们会显得更小。如图 9.2 所示，Photoshop 是在检验草图比例时有用的工具，因为可以借助"变换"工具快速进行比例调整。

比例错觉

如果你的设计整体上需要调整比例，但总体尺寸无法改变，那么可以通过调整视觉特征来增大或减小产品比例。较长的特征使产品看起来更长，而较短的特征则相反。这也可以"欺骗"消费者，使其在视觉上看到一个更长或更短的整体效果，就能更接近设计师的意图，但实际上它并没有改变。

图 9.3 展示的两个电暖器，一个的散热格栅较宽，另一个较窄。虽然从视觉上来看第一个设计看起来比较长，但是两者其实长度一致。

图 9.2 在高度不变的情况下，改变水壶的整体比例

图 9.3 汀普莱斯对流式电暖器（2008）。右图，较短的散热格栅设计使产品看起来更短

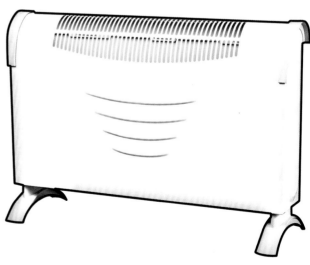

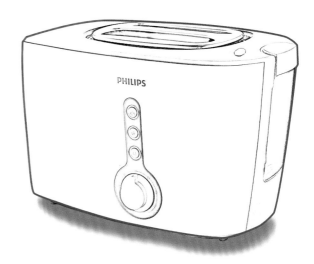

你也可以通过增加或减小拐角处的曲率来调整产品在立体空间的外观比例。如图 9.4 所示，通过减小一端的曲率，可以使产品看起来更长。

图 9.4 飞利浦 HD2636/20 烤面包机（2018）。右图，减小左边曲率的设计，可以使产品看上去更长

减少方正感

如图 9.5 所示，当一个设计在三维空间中看起来有点过于方正时，可以在其平面图上进行修正。如右图所示，通过增大四角弧线的半径（粉色线），侧边稍微增加一点弧度（绿色线），设计师可以将四角和侧边的面板融合在一起，在三维空间中创造出更加圆润的形状。

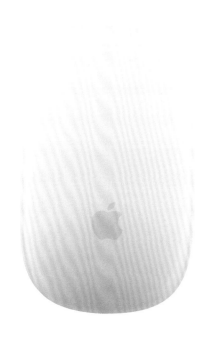

图 9.5 苹果妙控鼠标（2008）。右图，两角的弧度和侧边线条高亮显示

第九章 从平面到立体

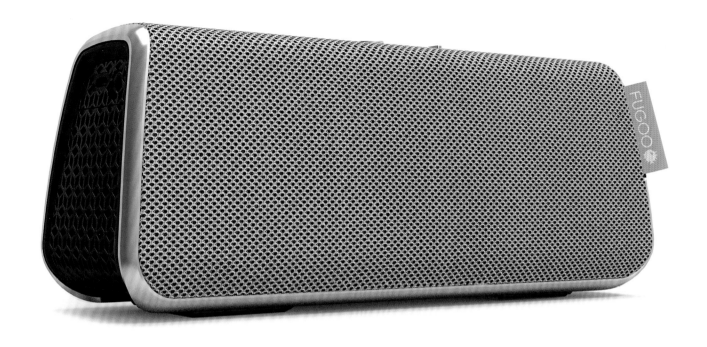

可以通过去掉产品的一个侧面来减少方正感。图 9.6 中的音箱本质上是一个立方体，但设计师对其底面进行了遮挡，从而减少了它原本方正立体的外观。

如图 9.7 所示，减少方正感的另一个方法是柔化视觉特征的形状。微波炉如果要整齐地放入紧凑的厨房环境中，就必须有一个平面矩形轮廓，但圆形元素可以柔化其整体外观。

图 9.6 Fugoo Style 蓝牙音箱（2014）

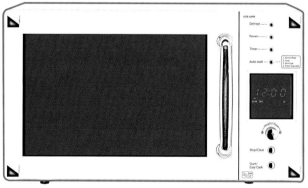

图 9.7 大宇 KOR6N9RW 微波炉（2012）。视觉特征的设计影响到产品整体外观。右图是方正感加强后的设计

立体线条

一旦完善了比例，你就可以专注于确保线条和形状在三维空间中看起来仍然正确。有些线条由于必须穿过凹面或凸面，可能无法按照你的意图在立体设计里进行安排。因此，你可能需要改变它们的路径，以便在所选视图中保持完美的连续性。此外，与相邻线条或视觉特征的相互关系也可能需要稍做调整。当转移到三维空间时要注意保留平面线条设计，如果适用，则要注重保留原始设计的视觉特征。在以下案例中，我们将继续讨论在立体设计中需要注意的事项。

立体造型分析

Savora 削皮器

如图 9.8 所示，这个低调的削皮器的外形相当复杂。主体形状是一个水滴造型，镀铬的手柄也突出了这一点。手柄的凸面设计与前面的凹面相映成趣，凹面容纳了切割刀片。从侧面看，如同本书第 42 页，这个圆润的凹面以优雅的 S 形曲线流向后方。这种形状在三维空间中效果很好，而且轮廓平滑，因此很吸引人。

图 9.8 Savora 于 2013 年发布的旋转削皮器

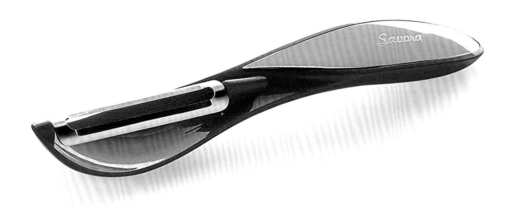

"细节不仅仅是细节，它们会成就设计。"

查尔斯·伊姆斯，产品设计师

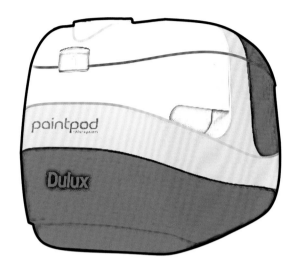

图 9.9 多乐士油漆盒（2010）

多乐士油漆盒

图 9.9 展示的产品造型在三维空间内显得简洁而优雅。粉色和橙色的线条以柔和的波浪形式在其表面流动。虽然它本质上是一个盒子，但看起来并不像盒子。四角经过大弧度柔化，侧面也采用双弧线设计，提高了正面到侧面的立体线条的连贯性。线条和色彩将主体划分为几个部分，功能性的灰色框架使其外观显得独特而又稳重。灰色的框架和蓝色的底座类似于经典的柳条筐，这可能与环保、简约的造型主题有关。

欧宝麦瑞纳概念车

图 9.10 中，该车有着优雅而又目的性很强的线条设计，并且横贯汽车表面。与许多车辆一样，大多数线条从带车标的前格栅开始，走向发动机盖形成闭合线，然后转向前立柱，并穿过车顶，如粉色线条所示。

图 9.10 欧宝麦瑞纳概念车（2008）。右图是将车身线条和复杂表面融合后创造出连贯的 3D 视觉效果

发动机盖闭合线本可以通过与大灯侧面合并走一条更宽的路径，但设计师选择了从格栅到前立柱这条更优美的路线。黄色的大灯内侧边缘与相邻的发动机盖线几乎平行，增强了两者的相互关联，然后又轻柔地从发动机盖线上逐渐消失，让整车更具动感。绿色的下格栅线条向大灯外缘弯曲，也与粉色的前格栅和蓝色的大灯侧面平行。前轮旁橙色的雾灯凹槽与下格栅绿色线条和翼子板相关联，它的形状也与大灯相似，以此用来保持视觉上的一致性。侧面蓝色线条所示的细节与前翼子板的顶部有关，尽管它们之间还有空间。但设计团队无法让这辆车上面的所有线条都完美地流动。从大灯末端向侧窗延伸的表面线条（红圈所示）显得有些尴尬，因为它与下方的腰线近乎平行。

飞利浦电熨斗

图 9.11 中的电熨斗外观简洁而富有质感，与市面上其他外观繁复的高科技产品相比，令人耳目一新。第一个吸引眼球的是蓝色部分，它优雅地从正面开始向上延伸直到把手。事实上，所有重要的交互部件都是蓝色的，包括把手、托板和控制旋钮，在有利于客户操作的同时也增加了视觉上的趣味性。把手上浅浅的纹路和底部边缘相呼应，这让人联想到鲸鱼腹部的褶皱，提升了产品的环保理念，增加了优雅感，提高了效率。产品的主要造型特点是把手形成的中空部分为鱼眼形设计，从侧面来看，轮廓也复刻了鱼眼造型。这就创造了一个令人愉悦的、柔和的立体造型，打破了整体设计格局，让产品更具轻量感。

图 9.11 飞利浦 GC160 电熨斗（2013）

完成立体视图之后，就可以开始制作实物或数字模型，以完善产品外形。随着外形的演变，你可以从不同的角度观察产品的每个表面，以确保所有的平面和线条都能顺畅地流动。最好的办法是实时拍摄制作中实物模型的照片，再将其打印出来，并指出可以改进的地方。然后，你可以在图像上画草图，并提出替代方案。

一旦在 CAD 或实体上对表面进行了建模，就可以对表面反射和高光部分进行评估了。你的目标基本上应该是保证产品表面的反光平滑以及控制整个产品的光影过渡。如果可行，则应该对产品表面上突兀的、不自然的、奇怪的反光部分进行改进。

章节回顾

将相关的平面视图以自然、无缝的方式结合起来，绘制产品的三维视图草图。使用与将要设计的产品相近的三维产品导图来绘制准确的草图，并注意以下几点：

01 | 检查宽度、长度、高度在三维环境中的互相关联，在不影响产品外观的情况下对比例进行适当调整。

02 | 在必要的时候对视觉特征的间距和比例做出评估和调整，因为它们在三维空间中看起来会有些许差异。

03 | 检查线条和周边线条、视觉特征或形状的关系，确保它们有着符合逻辑的起点和终点。相关性较好的设计因素有助于立体建模。

04 | 某些元素是否能在三维空间中进行调整，从而在所选的四分之三视图中创造出一条优雅的路线？

05 | 所有的表面是否以最吸引人的方式相交？

06 | 如果你在对产品进行立体建模，则对它拍照之后再打印照片，指出哪些部位还可以改进。再尝试对这些部位绘制其他线条以提升设计。

案例学习：电热水壶

在这一阶段，你的目的是将产品在三维空间中进行可视化处理，通常需要发挥艺术想象来达到最佳效果，因为形式还没有被完全确定。一旦你画出了产品的基本形式，你可能需要对它进行微调，以改善整个产品的线条走位和相互关系。

选择3D视图（上图）是为了展示水壶盖子的设计。它是对本书第99页创建的二维视图的转变，并对其进行了修改，以提高线条的连续性。水位指示窗的细节扫过水壶的前部，并与把手的顶部融合在一起。水壶盖的设计包含了一个用于打开水壶的手指孔；在渲染水壶（下图）时简化了这一点，以达到更简洁的设计效果。主要的与用户有交互点的如盖子、水位指示窗和把手都用蓝色来进行突出显示，铝制的上半部分和深灰色的下半部分主体展现了一种高科技的感觉。

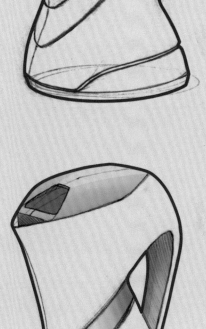

立体水壶草图

细节的渲染

第九章 从平面到立体

第十章

色 彩

Colour

学习任务

- 第 130 页：色彩在潮流和情绪反应方面的重要性。

- 第 132 页：如何在色彩造型中使用对比。

- 第 134 页：总结在选择颜色时需要考虑的主要因素。

第十章 色 彩

Colour

颜色在产品设计中是一个庞大的课题，它对于消费产品的外观和吸引力有着极大影响，还可以提高品牌认知程度。本章将简要介绍颜色，重点介绍如何利用颜色来提升产品的设计和造型。颜色常常引领时尚潮流，在不同的文化中有着不同的含义，所以追踪和预测颜色潮流是非常重要的。网站 www.pantone.com 是了解所有最新时尚色彩趋势的有用资源。如果产品的颜色不够时髦或不合适，就会显得过时或不受欢迎，作为设计师，你必须确保所选颜色符合目标客户的期望，也和品牌形象相符。

色彩与用户回应

颜色和情感相关，设计师通过增强或降低用户对产品的视觉好感度以实现这种

图 10.1 博世 Uneo 无线电钻（2017），红色按钮设计可以提升初次使用体验

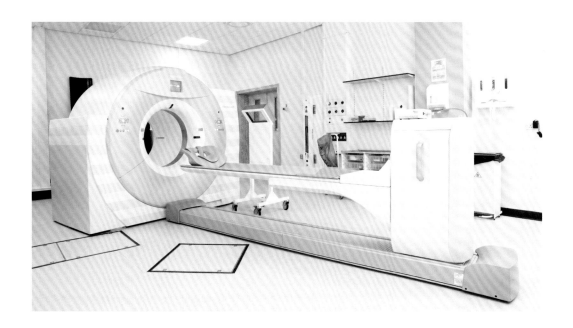

关联。以图 10.1 为例，红色可以吸引注意力，所以会被经常用来突显应急按钮或用户可操作的重要部件。

在选择医疗产品的颜色时，应该考虑患者的精神状况和环境。如图 10.2 所示，平静柔和的色彩比对比强烈的色彩更适合在医院使用。牙刷通常是白色的，因为这种颜色与清洁有关，或许也是出于我们对洁白牙齿的渴望。如图 10.3 所示，这样一支深黄色的牙刷，无论设计多么时尚，无疑都会卖得很差。许多厨房用具也是白色的，因为这种中性的颜色往往能融入环境而不会显得很突兀。

图 10.2 西门子于 2008 年推出的 Biograph 医用 CT 扫描仪，采用了平静柔和的色彩

图10.3 深黄色或许不是牙刷的最佳选项

"零星色彩的点缀会比整体上色来得更加多彩。"

戴尔特·拉姆斯，产品设计师

传统观念中，特别是在儿童产品中，蓝色被认为是男性化的，粉色被认为是女性化的。但是，如果只是简单地给某种产品使用特定颜色，从而试图吸引目标客户群体，这或许并不可取。如果一个产品是针对特定性别的，那么在开始着色之前，设计本身就应该吸引客户。

造型对比

色彩对于产品造型最有用的地方在于对比。一个产品的组成部件必须有一定的尺寸才能正常运作，如果它们太大，就会与产品的其他部分不成比例，看起来就不太协调。设计师通过将主体分成多个部分，并使其颜色变深来解决这个问题。图 10.4 中的产品同时采用了较为鲜明和较暗的亚光部件。较暗的区域不那么明显，因为眼睛会被吸引到更有活力更具有吸引力的部分。如果产品的主要颜色是黑色或其他深色，这种方法可能不适用，因为对比度会下降。

图 10.4 飞利浦于 2018 年发布的 SpeedPro Max 8000 无绳吸尘器

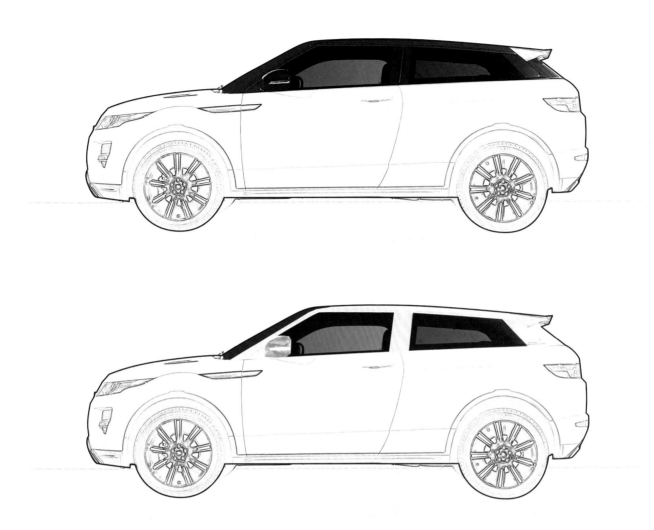

设计师有时候会用金属色或金属材料来强调重要的功能。例如，镀铬条被经常用于控制面板、显示器或前格栅周围。这样的设计理念在 20 世纪 50 年代达到巅峰，不过现在使用起来就很谨慎了。吸引眼球的颜色、材料或纹理对于突出产品的功能和美学意义非常重要。

另外，深色基调可以对视觉上不那么吸引人的部分进行弱化。汽车上常见的深色立柱是为了减少其对视觉造成的干扰。这也使得侧窗看起来是一个单一的整体形状，而不是图10.5中的几个较小的部分，这样就会破坏水平方向上的动态感。

图 10.5 上图，2014 款路虎揽胜极光的玻璃座舱。下图，较浅的立柱，用作对比

第十章 色 彩

总体来说，色彩对于产品造型最有用的地方就是增强对比度，因为它有助于分解较大的部件，也能突出视觉上吸引人的部位。颜色与我们的情绪有关，所以在选择色彩之前应该了解目标客户群体的喜好。颜色还可以用来突显紧急控制和重要的用户操控装置。

章节回顾　　如果一个产品或部件受功能影响而显得过于笨重或整体外观不好看，可以通过以下方式来修饰外形：

01　　把产品进行等比例的分割，对其中一半进行主色调上色，对剩余的一半保留深灰色（参见第三章）。越发动感明亮的部分与另一半深灰色部分的对比就更加强烈，最终就会让整体设计更加醒目，从而减轻外观的沉闷感。

02　　在选择颜色的过程中，最好确定一个主色调，再用铬或铝之类的金属外观增加对比度，以增强交互部件的视觉冲击力。

03　　也可以考虑以下方法：
　　（A）色彩组合是否与受众相符。
　　（B）用户的心理状态。
　　（C）产品的使用环境。
　　（D）在全球发售的情况下，产品是否可以适应不同的文化。
　　（E）情绪板的色彩建议。

案例学习：电热水壶

热水壶的上半部分采用拉丝铝金属外观，将视线吸引到更具动感的部位上。底部是深灰色的软性聚合物材料，与上半部分形成对比，也在视觉上将产品一分为二，使其看起来更加轻盈。

海蓝色部分是半透明的，便于用户看到水位，也可以让里面的水看起来更加清爽。用户的主要交互点采用蓝色上色，用来突出主要的交互部位，以提升用户初次使用的体验。

三维渲染图

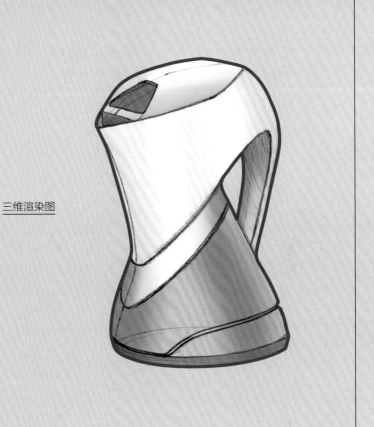

第 十 一 章

材料与质感

Materials
and texture

学习任务

- 第 138 页：为何特定的材料会应用于某些产品。
- 第 139 页：讨论表面处理和材料革新的重要性。
- 第 140 页：总结选择材料时的要点。

第十一章　材料与质感

Materials and texture

在设计产品时，材料选择要考虑其结构的完整性。但材料也可以向客户传达视觉信息和触觉信息，会使客户对产品进行联想和判断。例如，对材料有一定了解的客户会区分钢和铝材料，他们会意识到前者因重量较轻、耐腐蚀而可以用于飞机制造。这种联系使产品对某些客户来说更有吸引力。

材料和感知

材料的选择会影响产品的外观。有些材料有着独特的肌理，这增加了产品个性。有些材料更有触感，而有些材料只是稀有或难以制造，这也影响材料的成本和可取性。比如碳纤维这种先进材料，在赛艇和一级方程式赛车等高强度竞技体育中很有知名度，所以最终成为各类产品的理想材料。就像颜色一样，材料和表面处理都有一定的产品寿命，设计师必须确保材料本身或表面处理符合该产品类别的潮流趋势。

材料能体现产品的价值。如果设计目的是让产品看起来环保，那么就应该使用适当的天然材料或可回收材料。如图 11.1 所示，莱斯的这款移动硬盘看起来很简洁，在很大程度上依赖于客户对材料的感知，因此材料的选择至关重要。这款产品采用的是铝制材料，给人以优质耐用的感觉。作为金属，它自然比塑料重，额外的重量表现出了高品质的感觉。

"我总会欣赏那些敢于在材料和比例上做尝试的人。"

扎哈·哈迪德，建筑师

图 **11.1** 莱斯于 2012 年推出的
保时捷设计系列 P9220 移动硬盘

表面抛光

人们总是容易被闪亮的物体所吸引。大多数手机在外观上看起来很普通，它们
的卖点几乎都是高品质的材料、高分辨率的屏幕图像和直观的用户交互。如图
11.2 所示，智能手机最吸引人的地方之一是宝石般的玻璃显示屏。这也是客户
最喜爱的部分，即使在不使用手机时，也经常会看到人们对屏幕进行擦拭以保
持光亮。

图 **11.2** 苹果于 2014 年发布的
iPhone 6

新颖的材料选择可以使产品出类拔萃。

图 11.3 Meze 11 Deco 木质耳机
（2013）

通过采用与特定产品类别无关的材料，可以设计出新颖、独特的外观。图 11.3
中的耳机有一个新颖的木质外壳，可以展现温暖、环保的理念，并帮助产品在
竞争中脱颖而出。

章节回顾　最好问问自己：

01	所选材料是否能够满足产品的功能需求？如坚固、保温等。
02	什么材料可以让目标客户产生积极联想？
03	所选材料是否增强了产品造型或者并无帮助？这样的触感增强了用户体验吗？
04	不常用于某种产品类别的材料是否有助于该产品脱颖而出？
05	产品表面应采用哪种材料？将碳纤维这样的高端材料应用于整个产品中，对于某些特定人群来说，可能完全没有抵抗力。

案例学习：电热水壶

下面的渲染图展示了电热水壶可能用到的材料。外部材料是聚丙烯塑料，因为它具有良好的耐热性，重量轻，性价比高，而且可以做成半透明的。上半部分可进行电镀，以提供具有性价比高的金属表面，而下半部分则可采用柔软触感的聚氨酯橡胶包裹成型，经过较深的亚光处理，具有赏心悦目的天鹅绒质感。蓝色组件是半透明的蓝色聚丙烯插件，可以让用户看到水位。

项目造型

Styling projects

学习任务

● 整理一系列产品从轮廓到材料的整个造型流程。

第十二章　项目造型
Styling projects

案例 1 是水壶整个系列的概念草图，表现出高科技水壶的造型设计过程。这些插图可以作为设计指南，因为不是所有的产品都需要这样全面的造型。这款水壶不需要任何视觉上的主体分割，因为水位指示窗自然地将表面一分为二。更多的概念造型实例可以在第 149~153 页找到。

案例 1：水壶

轮廓　下面是一个新轮廓设计的案例。左图中的水壶是一个现有产品的草图，一个虚构出来的客户要求将其重新设计为更高科技、更有特色的产品。设计师首先要了解设计的限制条件，并决定原有轮廓的哪些地方可以进行修改。壶嘴和把手的位置和高度必须与原产品一致（见右图较浅的线条），其余部分可以在一定程度上进行修改。新的、更有特色的轮廓已经从根本上改变了原产品的外观，但在壶嘴和把手上仍保留了足够的共同形态，使其仍然可以被识别为水壶。这种轮廓设计将在整个造型设计过程中不断发展。

对于新产品，最好是在确定了功能元素后再开始进行造型设计。这样就可以确定设计时的限定空间，以及为自由表达创意留有余地。

原设计

新设计

比例 该水壶的整体比例与基准水壶保持一致。因为在这个二维视图中，它的主要视觉特征很少，只有水位指示窗、壶盖和底座，所以设计师把重点放在了右图的轮廓比例排列上。它的设计使大多数视觉点与红色的相邻点在同一水平线或垂直线上，让设计显得更加平衡。例如，壶嘴的尖端与把手的内弧线端点水平对齐，水位指示窗与壶身的后下部主体平行，这些都创造了更为和谐的外观。经过练习，你就能本能地做到这一点，而不必再加上网格线。记住，如果一个产品看起来不太对劲，通常是由比例上的不完美导致的，所以需要花时间把这个阶段的设计做好。

基准设计

网格上的基准点

形状 本案例中唯一需要修改的形状是水位指示窗，它看起来不太合适。它的位置被重新调整为与壶体的上半部平行，如右图所示。

基准设计

重新设计了水位指示窗

姿态 左图中的水壶设计有着坚实的、静止的姿态。如右图所示,如果想要姿态设计得更具动感,可以简单地将设计进行倾斜。重心已经转移到了前面,设计师也开始尝试修改底座和把手的形状。

原设计   更具动感的姿态

线条 左图看起来很凌乱,因为设计师一直在尝试不同的线条和形状。作为一个重要的视觉特征,水位指示窗被延伸到了壶身的侧面,就可以和把手、轮廓产生联系。设计师还决定将把手重新融入壶身,而不是将末端暴露在外,这样就形成了一个中空的形状,经过调整,它与周围的线条整齐地交汇在一起。此外,不连接把手的概念可以很容易地设计成替代方案。如右图所示,完成后的侧面轮廓已经通过叠加原图来重新绘制,使其更有表现力。设计师加深了轮廓线,让它更加突出。

通过尝试设计出优化后的几何线条

体积 左图中的水位指示窗以一定的角度横贯水壶主体，从把手向下一直延伸到产品的正面。这个特征还有一个造型上的功能，即增加了视觉趣味，分割了水壶的主体，以减少产品视觉上的笨重感。如右图所示，第二种设计没有这种分割，看起来比较简洁，但由于壶身明显增大，看起来比较沉重。这个壶身的不规则轮廓增加了视觉冲击力，减少了方正感。

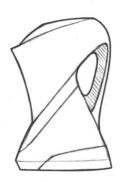

体积划分是如何影响视觉重量的

表面 从下面的水壶渲染图来看，它的形态是上部为经过略微拉伸的银色圆柱体，深灰色的底部呈锥形。银色的表面在从壶嘴延伸到把手时具有张力，增加了视觉冲击力。底部更具几何感的圆锥形表面为水壶提供了坚实的底板，同时保证了水壶能容纳足够多的水。

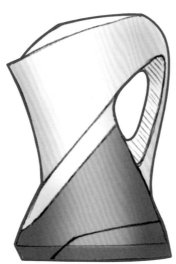

渲染后的水壶
表面表现形式

从平面到立体 在这一阶段，你的目的是将产品进行立体可视化，因为还没有确定产品形式，所以通常需要发挥艺术想象来达到最佳效果。一旦你画出了基本的外形，就需要对它进行细微调整，以改善整个产品的线条流动和关系。特别是对于比较复杂的产品，你可能会发现需要多次绘制三维视图，才能达到准确的效果。

下面的三维视图突出了壶盖的设计。它是对之前创建的二维视图的转变，并对其进行了修改，以提高线条的连贯性。水位指示窗的细节围绕着水壶的前部，并与把手的顶部融为一体。壶盖的设计包含了一个用于打开壶盖的指孔，而在右图的水壶上，这个指孔被简化了，用于表达更为简洁的产品表面细节。主要的用户交互点，比如壶盖、水位指示窗和把手都用蓝色突出显示，铝制的壶身上部和深灰色的下半部分都展示了一种高科技的感觉。

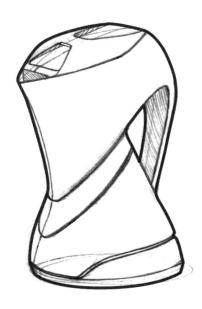

左图，三维视图的水壶设计
右图，渲染图

案例 2：摩托车头盔造型

坚固和激进　由马克·德特雷设计

设计师在这里摒弃了传统的遮阳板形状，而是选择了更为激进的面部形状，从而影响了整体轮廓。"眼睛"部位的比例被逐渐拉长，以提高可见度，两眼之间的"眉头"也被镜面化，从而影响"鼻子"通气口的位置，使外观和谐。下巴部位通过表面的折痕被分割出来，形成的凹面用来捕捉光线。

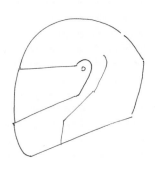

基准图

轮廓

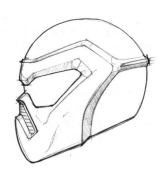

形状和线条

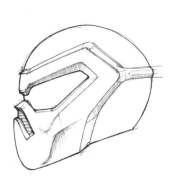

姿态和体积

3D 绘图

最终 3D 渲染效果图

案例 3：锤子

动感和冒险　　由托罗斯·詹加尔设计

锤子的头部最初是简化的，后来加入了更多"激进"的形状，如钟乳石和地面轮廓，这样就变得更加复杂。锤头向下倾斜，可以让锤子的姿态更具动感，也可以让把手更加符合人体工学。锤子颈部的空洞形状可以使其外观看起来更加轻盈。

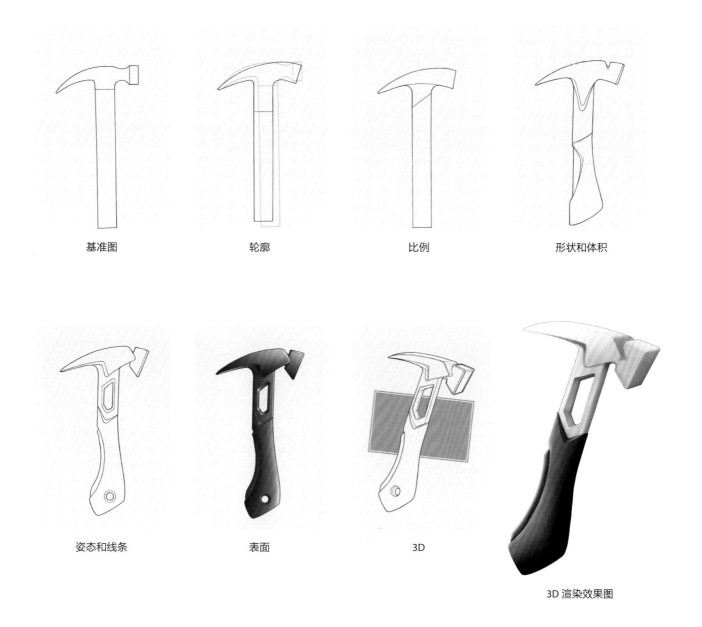

| 基准图 | 轮廓 | 比例 | 形状和体积 |

| 姿态和线条 | 表面 | 3D |

3D 渲染效果图

案例 4：咖啡机造型

简洁明快　由伊恩·哈德洛设计

略呈圆锥形的新外观营造出更加稳定、坚固的姿态。咖啡滤网和咖啡壶的形状都在基准图的基础上进行了简化，并增加了跑道形状的细节。底座边缘的角度调整使外观看起来更加轻盈，而咖啡壶的凹面则模仿了把手的形状，为使用者的手指留出了空间。

基准图

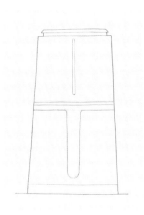

轮廓

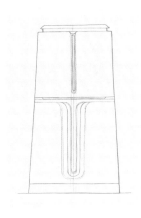

比例

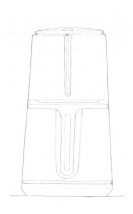

形状和姿态

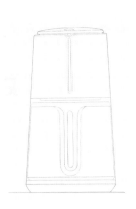

最终 2D 平面图

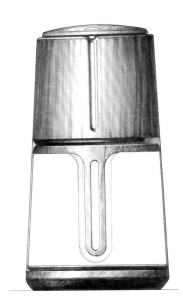

表面

案例 5：剃须刀造型

柔性和友好　　由汤姆・麦克道尔设计

设计师在剃须刀的轮廓上采取了符合人体工学的方法，造型紧凑而圆润。在外形上对线条进行修改之前，设计师先确定了上半圆的形状。随着最终线条的确定，对手柄和产品表面都进行了优化，以保证手持舒适度，请见本书第 119 页。

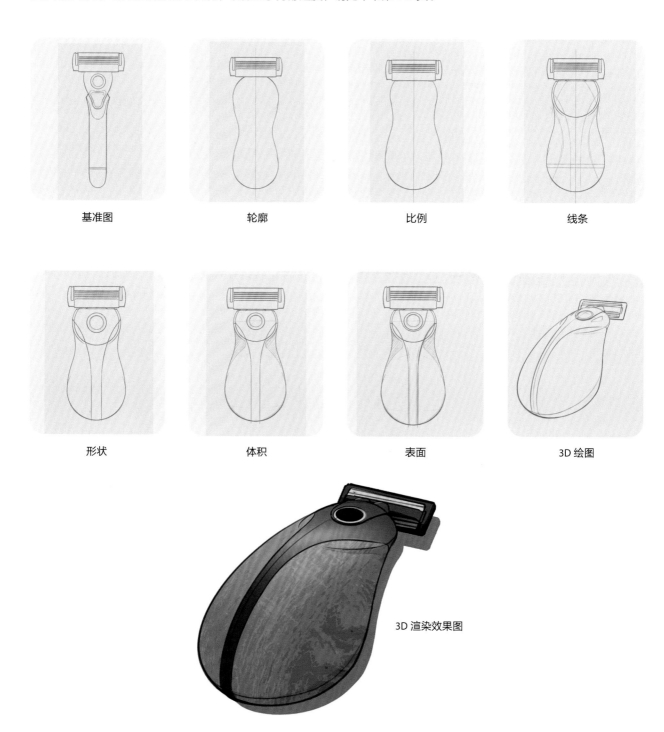

基准图　　　　　　　轮廓　　　　　　　　比例　　　　　　　　线条

形状　　　　　　　　体积　　　　　　　　表面　　　　　　　　3D 绘图

3D 渲染效果图

案例6：运动鞋

轻量和动感　由阿努潘·托马尔设计

设计师对这双鞋的设计思路非常清晰，轮廓、姿态、线条都一气呵成。鞋底的弧线和尖锐的侧面让它看起来更轻盈。鞋头部周围的线条被向内复制，从不同角度创造出错落有致的反光面。而鞋体后部，也就是脚穿入的地方，因为外观尖锐纤细，所以看起来更加轻盈动感。

轮廓、姿态和线条

形状和体积的细化

细节和品牌

表面

产品造型清单

检查这份清单，决定使用或忽略任何一个可以改善你的概念外观的阶段。尽量通过挑战和创新来拓展本书的内容。创新的想法可以产生独特的造型趋势，使未来的产品设计更加精彩。

☐	轮廓	☐	体积
☐	比例	☐	表面
☐	形状	☐	从平面到立体
☐	形态	☐	颜色
☐	线条	☐	材料

参考书目

Abidin, Shahriman Zainal, Jóhannes Sigurjónsson, André Liem and Martina Keitsch, 'On the Role of Formgiving in Design', *DS 46: Proceedings of E&PDE 2008, the 10th International Conference on Engineering and Product Design Education, Barcelona, Spain, 04–05.09.2008* (2008)

Anderson, Stephen P., *Seductive Interaction Design: Creating Playful, Fun, and Effective User Experiences* (Berkeley, CA: New Riders, 2011)

Baxter, Mike, *Product Design: A Practical Guide to Systematic Methods of New Product Development* (London: Chapman & Hall, 1995)

Bayley, Stephen and Giles Chapman, *Moving Objects: 30 Years of Vehicle Design at the Royal College of Art* (London: Eye-Q, 1999)

Bell, Simon, *Elements of Visual Design in the Landscape* (London and New York: Spon Press, 2004)

Blijlevens, Janneke, Marielle E.H. Creusen and Jan P.L. Schoormans, *How Consumers Perceive Product Appearance: The Identification of Three Product Appearance Attributes* (Delft: Department of Product Innovation Management, Delft University of Technology, 2009)

Bloch, Peter H., 'Seeking the Ideal Form: Product Design and Consumer Response', *Journal of Marketing*, 59:3 (July 1995), p.16

Coates, Del, *Watches Tell More Than Time: Product Design, Information, and the Quest for Elegance* (New York: McGraw-Hill, 2003)

Crilly, Nathan, *Product Aesthetics: Representing Designer Intent and Consumer Response* (Cambridge University Press, 2006)

——, James Moultrie and P. John Clarkson, 'Shaping Things: Intended Consumer Response and the Other Determinants of Product Form', *Design Studies*, 30:3 (May 2009)

相关网址：

www.cardesignnews.com

www.core77.com

www.dezeen.com

www.facebook.com/PeterStevensDesign

www.getoutlines.com

www.pantone.com

www.yankodesign.com

参考书目

Feijs, Loe, Steven Kyffin and Bob Young, 'Design and Semantics of Form and Movement', *DeSForM* (2005)

Hekkert, Paul, 'Design Aesthetics: Principles of Pleasure in Design', *Psychology Science*, 48:2 (2006), pp. 157–72

Kamehkhosh, Parsa, Alireza Ajdari and Yassaman Khodadadeh, *Design Naturally: Dealing with Complexity of Forms in Nature and Applying It in Product Design* (Tehran: College of Fine Arts, University of Tehran, July 2010)

Lenaerts, Bart, *Ever Since I Was a Young Boy I've Been Drawing Cars: Masters of Modern Car Design* (Antwerp: Waft Publishing, 2012)

——, *Ever Since I Was a Young Boy, I've Been Drawing Sports Cars* (Antwerp: Waft Publishing, 2014)

Lewin, Tony and Ryan Borroff, *How to Design Cars Like a Pro* (Minneapolis, MN: Motorbooks, 2010)

Loewy, Raymond, *Never Leave Well Enough Alone* (Baltimore, MD: Johns Hopkins University Press, 1951)

Norman, Donald, *The Design of Everyday Things* (London: MIT Press, 2002)

Powell, Dick, *Presentation Techniques: A Guide to Drawing and Presenting Design Ideas* (Boston, MA: Little, Brown, 1985)

Restrepo-Giraldo, John, *From Function to Context to Form: Supporting the Construction of the Product Image*, International Conference on Engineering Design 05, Melbourne, 15–18 August 2005

Smith, Thomas Gordon, *Vitruvius on Architecture* (New York: Monacelli Press, 2003)

Sparke, Penny, *A Century of Car Design* (London: Octopus, 2002)

引文参考

p.13, Peter Stevens, 'Aerodynamics: A Technology Tool or a Marketing Opportunity?, Part Two', Facebook post, 21 November 2014, www.facebook. com/PeterStevensDesign/ posts/aerodynamics-a-technology-tool-or-a-marketing-opportunity-part-twothe-interestin/875080065858328.

p.19, Stephen P. Anderson, *Seductive Interaction Design*, Chapter 4.

p.31, 'Reborn: The Healey 200', Moss Motoring, 3 August 2015, www.mossmotoring.com/reborn-healey-200.

p.42, Quoted in Roy Ritchie, 'Freeman Thomas, Ford Design Director: Design at the Crossroads of Image and Efficiency', *Automobile* magazine, 3 December 2008, www. automobilemag.com/news/ freeman-thomas-ford-design-director.

p.60, Amy Frearson, '"Simplicity Is the Key to Excellence" Says Dieter Rams', Dezeen, 24 February 2017, www.dezeen.com/2017/02/24/ dieter-rams-designer-interview-simplicity-key-excellence.

p.82, Del Coates, *Watches Tell More Than Time*.

p.97, Michele Tinazzo in Bart Lenaerts, *Ever Since I Was a Young Boy, I've Been Drawing Sports Cars*, p. 107.

图片出处

劳伦斯·金（Laurence King）出版社在此向以下公司、品牌和个人致谢，感谢他们允许我们使用他们产品的图像。

封底照片：Audi AG。

1 Paul Smith; 2 © Vitra. Photo: Hans Hansen; 8 Brother; 9r Anglepoise; 11a & b Philips; 19 Bang & Olufsen; 21 Groupe Renault; 22 Dyson Technology Ltd; 26 Philips; 27a Philip Ross, www.studiophilipross.nl; 28 Philips; 29a & b Flexi.de; 32 © Alessi; 34 Pure; 37 Canon; 42 Lifetime Brands, Inc; 43b Audi AG; 44 Motorola; 47l Dyson Technology Ltd; 47r Reproduced with Permission of Dell © Dell 2021. All Rights Reserved; 50 Herman Miller; 51 General Motors LLC & 52, used as reference; 51b Mamas & Papas Ltd; 60 TOMY UK; 61a Brother; 62 Gillette Venus; 63a Audemars Piguet; 64 With the permission of Mazda; 65 www.abus.com; 67a URC, www.universalremote.com; 67b Morphy Richards; 68 Bosch Home & Garden; 75a Casa Bugatti; 76 Logitech; 77b Smeg; 78 Paul Smith; 82 Philips; 83 Giro; 84 Remington, Spectrum Brands (UK) Ltd; 85a Philips; 85b © Vitra. Photo: Hans Hansen; 87b, 88–89 BMW Group; 90 Mercury Marine; 94 Etón Corporation; 95bc ARCTIC GmbH; 95br, 96al Reproduced with Permission of Dell © 2021. All Rights Reserved; 96ar Philips; 102 © Ferrari SpA; 103b Giro; 104 © Bell & Ross; 106 Bosch Home & Garden; 107b With the permission of Tecknet Online Ltd; 108a Stanley Black & Decker; 108b Race FX; 109c Philips; 110a Bosch Home & Garden; 110b, 111a Philips; 111b ArcosGlobal.com; 113 Procter & Gamble; 120 © Dimplex; 121a Philips; 122a Fugoo; 123 Lifetime Brands, Inc; 124 Opel-Vauxhall; 125, 132 Philips; 130 Bosch Home & Garden; 133 Land Rover UK (used as reference); 139a With permission from Porsche Design; 140 Meze Audio. Design: Antonio Meze.

其他版权

9l Fructibus/Wikipedia (CC0); 18l Heritage-Images/National Motor Museum/akg-images; 18r Dan Krauss/Getty Images; 20 Photos: Pexels, Pixabay & Unsplash; 27b Anthony Thomas Gosnay & Antoine Francois Atkinson for Dyson Technology Ltd, A Hand Held Appliance. Patent GB2537511. Published 19th October 2016; 30 *What Laptop* magazine/Future via Getty Images; 33a Artur Rydzewski/Unsplash; 33b Golfxx/Dreamstime.com; 35a GetOutlines.com (CC by 4.0); 35b Dean Bertoncelj/Shutterstock; 43c National Motor Museum/Shutterstock Editorial; 45 Mitrandir/Dreamstime.com; 46 N. D'Anvers, *An Elementary History of Art*, Charles Scribner & Sons, New York, 1895. The Proportions of the Human Figure. https://etc.usf.edu/clipart; 53a Photo: nite_owl/Flickr.com (CC by SA 2.0); 54, 55 Patthana Nirangkul/Shutterstock; 61b Dianut Vieru/Shutterstock; 63b dtopal/Shutterstock; 64 TheOtherKev/Pixabay; 66 Thampapon/Shutterstock; 69 Vudhikul Ocharoen/iStock; 70 Drawing by @hanif_yayan; 74 Dotshock/Dreamstime.com; 75b Sarah Cheriton-Jones/Alamy Stock Photo; 77a Volodymyr Burdiak/Shutterstock; 87a samsonovs/iStock; 95a Peter Dabbs; 95bl Tomislav Pinter/Shutterstock; 96b Drive Images/Alamy Stock Photo; 103a 5 Second Studio/Shutterstock; 105a Jiang Hongyan/Shutterstock; 105b dan74/Shutterstock; 107a Photo: Peter Dabbs; 109a Andrey Eremin/123RF; 109b Yolanda Oltra/Alamy Stock Photo; 112 Image Autodesk, Inc. Used with permission; 119 Drawing: Tom McDowell; 121b Cesare Andrea Ferrari/Shutterstock; 131a Lewis Houghton/Science Photo Library; 131b u_dln5yx2z /Pixabay; 139b scanrail/iStock.